최리노의
한 권으로 끝내는
반도체 이야기

저자 | 최리노

그림 | 최세나, 최태환, 홍예은

감수 | 김사라은경(서울과기대)　　　　김형섭(성균관대학교)
　　　김형준(KIST)　　　　　　　　유현용(고려대학교)
　　　이병훈(POSTECH)　　　　　　전상훈(KAIST)
　　　정성우(고려대학교)　　　　　전승준(인하대학교)
　　　조중휘(인천대학교)　　　　　최창환(한양대학교)

YANG 양문 MOON

최리노의
한 권으로 끝내는 반도체 이야기

초판 1쇄 발행일 | 2022년 7월 18일
초판 2쇄 발행일 | 2023년 2월 1일

저자 | 최리노
그림 | 최세나, 최태환, 홍예은
펴낸이 | 김현중
디자인 | 박정미
책임 편집 | 황인희
관리 | 위영희

펴낸 곳 | ㈜양문
주소 | 01405 서울 도봉구 노해로 341, 902호(창동 신원베르텔)
전화 | 02-742-2563
팩스 | 02-742-2566
이메일 | ymbook@nate.com
출판 등록 | 1996년 8월 7일(제1-1975호)

ISBN 978-89-94025-89-6 03400
* 잘못된 책은 구입하신 서점에서 교환해 드립니다.

최리노의
한 권으로 끝내는 반도체 이야기

추천사

20여 년 간 반도체 산업계 일선에서 뛰다가 잠시 학계로 복귀해 교수로 일하던 시절, 반도체를 공부하는 학생들을 보며 참으로 안타까웠던 점이 있다. '나무 한 그루에 집중하느라 숲을 보지 못하고 있구나'하는 점이었다.

우리나라 반도체 교육은 학교 안에 머물러 있다. 애써 갈고 닦은 지식이 산업화를 거쳐 실생활로 이어지지 못하고 이론 수준에 머무는 경우가 대부분이다. 큰 그림 없이 지엽적인 공부에 집중하다 보니, 정작 산업계의 요구와 동떨어진 연구를 하다가 현실에서 낙담하는 경우를 보기도 한다. 반도체 기업에서 신입 사원을 뽑은 뒤에, 다시 기초부터 반도체 교육을 실시할 수밖에 없는 이유도 같은 맥락이다.

최리노 교수의 〈한 권으로 끝내는 반도체 이야기〉는, 이러한 면에서 가뭄에 단비 같은 책이다. 현 시대의 로직 소자와 메모리 소자 산업의 탄생과 발전을 디지털 회로와 폰 노이만 아키텍처 연산 방식에 의한 요구로 설명했다. 반도체 역사부터 시작해 시스템과 소자의 발전까지 보다 폭넓은 내용을 다룸으로써, 단순한 지식의 전달을 넘어 산업과 미래의 관점까지 고민해볼 수 있는 현실적인 시각을 일깨워준다. 이 책 한 권으로 소자의 모든 것을 이해할 수는 없겠지만, 적어도 눈 앞의 나무 한 그루를 관찰하는 것에서 벗어나 숲의 존재를 인식하기에는 충분할 것이다.

AI와 Digital Transformation으로 대변되는 앞으로의 세상에서 반도체는 그 어느 때보다 우리의 삶에 큰 영향을 미칠 것이며, 어쩌면 반도체의 발전 방향이 인류의 미래를 바꿔놓을 수도 있을 것이다. 그러기에 우리에게는 더 많은 고민과 토론이 필요하다. 이 책은 우리 반도체인들이 '같은 시점(same page)'에서 이야기를 시작하는 데 좋은 출발점이 될 것이다. 산업계와 학계는 물론, 앞으로 반도체인으로 성장하기를 꿈꾸는 사람들이라면 꼭 한 번 읽어보기를 추천한다.

(전) SK하이닉스 대표이사 / 공학박사

이석희

추천사

반도체 기술 개발 이야기가 뉴스에 자주 오르내리고, 심지어 반도체 전쟁이라는 표현도 등장하는 요즘이다. 뉴스를 보면서도, 그 분야 전문가가 아닌 이상 어떤 일들이 벌어지는지 알기가 매우 힘들다. 어려운 전문 용어 때문일 수도 있지만, 사실상 우리의 일상과 멀게만 느껴져온 분야라, 큰 흐름을 쉽게 이해하기 어렵기 때문이다.

새로운 용어가 나올 때, 위키디피아같이 새로운 단어에 대한 정의를 잘 설명해 주는 웹사이트를 한 번 체크해보는 것처럼, 이 책은 반도체라는 화두를 A부터 Z까지 잘 설명해 주고 있다. 반도체 물질이란 기본에서 출발하지만, 그것을 이용하여 생겨난 소자, 집적화 노력, 최근의 새로운 연구 방향을 포함하여 큰 숲을 보도록 안내한다.

정말 좋았던 것은, 무미건조할 수도 있는 단어들의 조합이지만, 산업 경험과 학교에서의 풍부한 교육 경험을 가진 저자의 손에서 마치 한 편의 연애 소설을 읽는 기분처럼 내용이 매끄럽게 흥미진진하다는 점이다. 역시 경험에서 나온 찐 이야기이기 때문이다. 우리의 실생활 대비 너무 멀리 가버린 개념들을 생생하게 느낄 수 있도록 설명하였고, 적절한 사례를 만들어 이해를 도왔다. 반도체 오염 관리를 0.0000001% 수준으로 해야 하고, 산포 관리를 경부고속도로 위 개미의 높이로 비교한 부분은 저자만이 할 수 있는 이야기다.

특히나 반도체에 관심이 있는 학생들이 읽으면 좋겠다. 우리가 역사를 알면 현재의 소중한 의미를 알 수 있듯이, 반도체 소자들이 처음에 왜 필요했고, 어떻게 발전해 왔는지를 안다면, 우리가 앞으로 무엇을 준비해야 하는지, 그러기 위해 무엇을 지금 더 제대로 그리고 열심히 해야 하는지 힌트를 찾을 수 있을 것이다.

삼성전자 상무 / 공학박사

조학주

추천사

저자와 나는 많은 면에서 다르다. 정치적인 성향도, 좋아하는 운동도 다르다. 하지만 실행 가능한 문제 해결 방법을 제시하는 엔지니어로서의 자세, 그리고 '내 것'만을 챙기지 않고 '우리'를 생각한다는 점에서는 그 누구보다도 공통점이 있다고 생각한다.

최리노 교수가 반도체 관련 교양 도서를 집필하겠다고 이야기했을 때, 어려운 반도체 기술을 어떻게 설명하려고 교양 서적 한권을 쓴다고 출사표를 던졌을까 하는 걱정이 앞섰다. 그러나 걱정과는 달리 저자는 반도체 산업의 역사와 기술적인 원리를 잘 정리하여 반도체에 대해 어느 정도 지식이 있는 사람에게도 도움이 될 수 있는 책을 완성하였다. 또한 반도체를 처음 접하는 사람들도 "어떻게 반도체 소자가 작동하길래 기억도 할 수 있고 판단도 할 수 있는지" 쉽게 알 수 있도록 친절히 설명하고 있다.

지금은 반도체 없이는 어떤 산업도 존재할 수 없는 세상이 되어버렸다. 이러한 반도체 산업의 발전은 더 나은 기술을 발명하기 위해 밤낮없이 노력해온 과학자와 엔지니어가 있었기에 가능했다. 나도 25년 전 국내에서는 아무도 거들떠 보지 않던 새로운 분야에 대해 연구를 시작했지만, 그 동안 길러낸 제자들이 2022년 현재 반도체 제조의 가장 핵심 기술이 되어버린 EUV 노광 기술 분야에서 전 세계 산업체, 연구소, 대학에서 활약하는 모습을 보면서 크나큰 보람을 느끼고 있다.

부디 이 책을 읽고 미래의 반도체 기술에 대해 공부하고 연구하고 싶다는 후배들이 더 많아지기를 기대한다. 그렇게 된다면 저자는 딸의 학비를 벌어야 하는 아빠로서의 임무 달성과 더불어, 반도체 산업의 인재를 육성해야하는 교수로서의 성취감도 얻을 수 있을 테니 말이다.

한양대학교 신소재공학부 교수
안진호

추천사

반도체 산업을 이해하려는 분들께 꼭 한 번 읽어 보라고 권하고 싶습니다. 소자부터 재료, 장비 등을 총망라하고 발전사를 포함하여 알기 쉽게 설명되어 있고 앞으로 우리가 계승 발전시켜야 할 반도체 산업의 미래 발전상을 제시하고 있습니다.

반도체 장비 제조업에 35년 간 종사한 본인도 이해도를 높이는 계기가 되었고 산업계, 학계, 정부에 계신 여러분도 강의 교재로 사용해도 무방하리라 생각됩니다. 특히 반도체 산업에 취업하려고 준비하는 학생들에게는 필독서입니다.

피·에스·케이 그룹 회장

박경수

추천사

이 책을 읽으면서 저도 다시 공부하는, 그리고 모르는 부분도 다시 공부하는 계기가 되어 감회가 새롭습니다. 또한 저자의 머리말에 책을 쓰기 시작하신 사연이 마음에 와닿았습니다. 시중에는 반도체 공정과 기초에 대한 책은 많이 있으나 소자에 대해 다룬 이야기는 너무 어려운 데 이 책은 쉽게 이해할 수 있도록 설명되어 있어서 좋았습니다. 또한 반도체의 역사 배경 그리고 앞으로의 기술 전망까지 망라해서 반도체에 관심을 가진 학생들 그리고 관련 업무를 시작하시는 분들이 읽으면 많은 도움이 되리라 생각합니다. 반도체 인력 양성에 지속적으로 힘써주신 교수님의 노고에 감사드리고 앞으로도 큰 역할을 기대합니다.

ASML Korea Country Manager
이우경(Tony)

추천사

    오랜 기간 반도체 전문 기자로 활동했다. 하지만 나는 반도체를 전혀 몰랐다. 왜 반도체를 반도체라 부르는지 이해하는 데에도 상당한 시간이 걸렸다. 당시 서점을 돌아다니며 기초 서적을 찾았으나 도움될 만한 책은 거의 없었다. 아직도 내 방 책장에 꽂혀있는 〈만화로 쉽게 배우는 반도체〉는 일본인이 일본에서 낸 서적을 국내 출판사가 번역한 것이었다. 일본, 미국에는 이런 기초 서적이 굉장히 많다고 한다. 반도체는 우리에게 어떤 의미인가? 단일 품목으로 국내 최대 수출 규모를 형성하고 있는 효자 산업군이다. 반도체를 만드는 삼성전자, SK하이닉스는 국내 시총 톱 랭커들이다. 이들과 거래하는 반도체 장비 재료 업계 규모도 상당히 크다. 산업 경쟁력은 세계적 수준이지만, 반도체에 대한 일반 대중의 이해도는 굉장히 단편적이라고 나는 생각한다. 내가 반도체 전문기자를 하다 회사를 그만두고 전문 미디어를 만든 이유는 바로 그러한 문제를 해소해보자는 생각이 있었기 때문이다. 고백하자면, 아직도 나는 반도체 소자가 어떻게 동작하는지, 어떤 과정을 거쳐 지금까지 왔는지 면밀하게 알지 못한다. 반도체 분야 취재 전선에 첫 발을 들여놨을 때 이 책이 있었더라면 큰 도움이 됐을 것 같다는 생각을 했다. 저자인 최리노 교수는 나에게는 개인 멘토 같은 분이다. 기술적 이해를 구할 때 수시로 전화를 걸어 묻고 또 물으면서 기사를 썼었다. 이 책을 보니 앞으로 기초 소자 지식을 구하기 위해 전화할 일은 크게 줄어들 것 같다.

전자 부품 전문 미디어 디일렉 대표 이사 / 기자
한주엽

목차

머리말

이 책을 쓰기 시작한 것에는 특별한 사연이 있다. 고등학교에 진학하는 딸, 세나가 나도 모르게 지원한 사립 예술학교에 합격하였다. 눈이 튀어나올 정도로 비싼 등록금이 적혀 있는 고지서를 나에게 주었는데 통장에 돈이 별로 없었다. '이런 비싼 금액을 앞으로 고등학교 3년, 대학교 4년 동안 내야 하는구나' 하는 걱정이 들었다. 뭐라도 돈이 되는 것이 있나 하고 집 안을 둘러보니 딱히 팔아서 돈이 될 만한 것이 없었다. 그래서 머릿속에 있는 지식이라도 팔아야겠다고 생각하고 책을 쓰기로 결심한 것이다.

다행히 20년 넘게 반도체 산업 근처에서 교육과 연구를 하면서 이것저것 주워들은 이야기들이 많았다. 게다가 요즘 반도체에 대해 공부하고 싶어하는 학생도 많아졌다. 국내 반도체 소자 기업들이 직원들에게 좋은 대우를 해주다 보니 대학생들이 졸업 후 취업하고 싶은 기업으로 반도체 소자 회사를 꼽는 경우가 많다. 또 공과대학을 지원하는 고등학생들도 면접을 해보면 반도체에 대해 공부하고 싶다고 이야기하는 경우가 많다. 그래서 고등학생을 대상으로 반도체 책을 쓰면 돈을 좀 벌 수 있지 않을까 생각하고 이 책의 집필을 시작했다.

그런데 이게 처음 하는 일이라 만만치 않았다. 찬찬히 잘 설명하는 성격을 타고나지 못한 탓에 내용이 점점 어려워졌다. 대충 초벌로 쓴 후 읽어보니 고등학생이 읽기에 만만치가 않아 보였다. 반도체를 아예 모르는 사람보다는 오히려 반도체를 더 많이 알고자 하는 사람들이 봤으면 하는 책이 되었다. 책을 조금이라도 이해하기가 쉽게 만들어 볼까 하고 쉬운 개념의 그림을 넣으려고 하였다. 이 책을 쓰는 고생을 선물해 준 세나와 아들 태환에게 그림들을 그리라고 시켰는데 이 녀석들이 놀러만 다니고 아빠의 고통을 나눠서 짊어져주지 않았다. 애들 빨리하라고 구박하면서 또 천성과 안 맞게 조근조근 설명하면서 한계절을 보냈다.

그래도 책에 내가 이야기하고 싶은 내용을 최대한 담으려고 하였다. 대학 4년 동안 반도체 관련 과목을 여럿 수강하고 졸업하는 친구들과 이야기하다 보면, 심지어 그 기업에 취업하고 나가는 학생들도 반도체 소자에 대해 잘 모르는구나 하고 느껴져서 놀랄 때가 많다. 반도체 소자가 어떻게 작동하고 어떻게 만드는지에 대해서는 어느 정도 이해를 하지만 정작 이 소자들이 처음에 왜 필요했고 어떻게 발전해왔는지에 대해서는 잘 이해를 못하고 있었다. 그러다 보니 반도체 소자가 왜 필요한가? 반도체 산업이 왜 시스템 반도체와 메모리로 나뉘어 있는가? 인공 지능이 발전하면 반도체 소자는 어떻게 변해야 하나? 등등 한 걸음 더 들어간 질문에는 대답하지 못하는 경우가 많았다.

생각해보니 내가 가르치는 교과과정도 반도체 소자의 작동을 다루는 '반도체 소자'와 이 소자들을 만드는 방법에 대한 '반도체 공정' 과목은 있지만 반도체 소자의 기원과 역사를 이야기해주는 과목은 없다. 그러다 보니 반도체 소자와 반도체 공정을 수업으로 다 듣고 졸업하면서도 반도체 소자의 미래에 대한 질문에는 답을 못하는 것이다. 이러한 상황을 보면서 반도체 소자에 대한 조금 더 근본적인 이야기를 해야 할 필요가 있다고 생각했다. 반도체 소자가 왜 필요했고 어떻게 발전되어 왔는지를 설명하고 그 관점에서 앞으로 어떤 기술이 필요할지, 또 어떤 형태로 발전되어 나갈지에 대해 조금 더 생각할 수 있는 사고의 틀을 만들어 주고 싶었다.

이 책은 기본적으로 반도체 소자에 대해 이야기하는 책이다. 많이 들었지만 정확히 정의를 내리기는 어려운 소자라는 게 무엇인지, 이 소자를 만드는데 왜 반도체라는 물질이 필요했고, 어떻게 반도체 소자가 발전하게 되었는지를 이야기하고자 한다.

지금 반도체 소자는 발전에 큰 전환기를 맞고 있다. 소자 미세화라는, 관성적으로 해오던 성능의 발전 방법이 정말로 힘들어졌기 때문이다 (물론 소자 미세화가 어렵다는 이야기는 30년도 넘게 나왔지만 계속 극복하면서 발전되어 왔다). 소자 미세화가 중요한 것은 이러한 미세화를 통해서 소자의 작동속도를 높여 왔고 이렇게 높여진 작동속도를 이용하여 컴퓨팅의 성능 향상을 가져왔기 때문이다. 컴퓨팅의 속도는 정보사회화된 인류의 발전 정도를 말해주는 척도이다. 빠른 컴퓨팅 속도는 컴퓨팅 시간의 여유를 만들어주고 그 여유 시간을 이용하여 다양한 다른 일 (예컨대 복잡한 양자 시뮬레이션에서부터 현란한 게임의 그래픽 등까지) 들이 가능하다. 소자 미세화에 큰 부분을 의지하고 있던 이 컴퓨팅 성능의 향상을 이제는 어떤 방법으로 발전시켜야 하는지에 대한 고민이 커지고 있다. 이와 같이 반도체 소자는 단순한 공업 제품이 아니고 현재 인류의 발전의 한 축을 담당하고 있다.

지금 많은 사람이 관심을 갖고 이야기하고 있는 인공지능도 다른 형태의 정보 처리의 방법이다. 인공지능과 현재 반도체 소자와의 관계는 무엇인지, 앞으로 어떤 형태의 반도체 소자가 필요하게 될 지를 알기 위해서 컴퓨팅과 소자라는 큰 흐름에서 반도체 소자의 탄생과 발전, 그리고 한계를 이야기하는 게 필요하다는 생각이 들었다. 반도체가 발견되고 그 특성 때문에 반도체 소자가 만들어진 것이 아니고 소자가 먼저 만들어지고 필요해서 가져다 쓰게 된 반도체라는 관점에서 앞으로 필요한 것이 무엇이고 어떻게 만들어가야 하는지에 대한 정리를 하고 싶었다.

현대 사회에서 발생되는 어떤 사회적 사건을 이해하고 앞으로 전개를 정확히 예측하기 위해서는 그 사건의 발단과 사회적 배경을 알아야 한다. 공학도 마찬가지이다. 그 제품이 왜 나오게 되었고 어떻게 발전되어 왔는지를 이해해야 앞으로의 발전 방향을 예측할 수 있다. "왜"를 잘 이해해야만 후에 "어떻게" 발전시킬지를 좀 더 잘 해나갈 수 있을 것이라 생각하며 이 책을 썼다.

2022년 4월

반도체와 반도체 소자

요즘 대학 입시 면접을 보면 많은 학생이 반도체 회사에 취업하는 것을 목표로 학과를 지원하는 것을 알 수 있다. 근래에 와서 국내 반도체 소자 기업이 천문학적인 수익을 내면서 월급 등 직원에 대한 처우가 다른 직종보다 우수해서인 듯하다. 반도체 회사에 가고 싶다는 학생들에게 반도체 회사에 가게 되면 무엇을 하고 싶냐고 물어본다. 그러면 많은 학생이 어디에서 읽었는지 모르지만 비슷한 대답을 한다.

"네, 반도체가 작아지면서 '무어의 법칙'이 지켜지기 어려운 것으로 알고 있습니다. 그래핀(graphene)은 전자이동도가 지금 사용하고 있는 실리콘의 1,000배 이상 높은 것으로 알고 있습니다. 그래핀을 이용해서 더 성능이 좋은 반도체를 만들고 싶습니다."

영국 맨체스터대학교 교수의 안드레 가임(Andre Geim)과 콘스탄티 노보셀로프(Konstantin Novoselov)가 2010년 그래핀으로 노벨물리학상을 받은 이후 지금까지 그래핀은 '꿈의 신소재'로 불린다. 하지만 가까운 시일 내에 반도체 소자에 그래핀이 적용되는 것을 기대하기는 어려워 보인다. 물론 그래핀이라는 물질에 대한 연구는 계속되어야 한다고 생각한다. 그러나 그래핀을 현재의 반도체 소자에 적용하는 것은 반도체 산업계의 연구 중에서 우선순위가 높은 연구는 아니다. 위의 학생들의 대답에는 많은 복잡한 개념이 담겨 있다. 1) 반도체는 작아지고 있다 2) 전자이동도

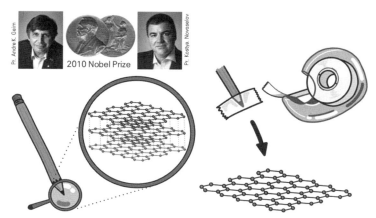

영국 맨체스터 대학의 안드레 가임과 콘스탄틴 노보슬로프는 연필심의 재료인 흑연을, 테이프를 이용하여 한 겹 한 겹 벗겨내어 전하이동도가 매우 큰 반도체 물질인 한 겹의 판인 그래핀을 추출해냈다.

가 빨라져야 한다 3) 실리콘 채널 물질의 대체 등등. 사실은 반도체 소자가 작아지고 있는 것이고 현재 반도체 소자는 대부분 실리콘(Si)이란 물질을 이용하여 전자가 움직이는 구역인 채널을 만들고 있다. 반도체 소자가 작아져야 하고 다른 채널 물질을 쓰는 것을 검토하는 이유는 소자의 성능을 높이기 위해서이다. 그러면 소자의 성능은 무엇이고 이 성능은 왜 높아져야 하는가? 채널 물질을 그래핀으로 바꾸는 것은 왜 우선 순위가 안되는 것인가? 이 책을 다 읽고 나면 이러한 질문에 답을 찾을 수 있을 것이다.

　몇 년 전 학과 회의에서 다음 학년도 새로운 교수 임용 문제를 논의한 적이 있다. 대학교 각 학과에 있는 많은 일 가운데 교수님들이 가장 신경 쓰는 일 중 하나가 새로운 교수 임용 문제이다. 나는 신소재공학과에 소속이 되어 있고 우리 과는 철강 소재, 세라믹 소재, 전자 소재, 자성 소재 등 소재의 물리적 차이와 응용 측면에서의 사용처 등 다양한 세부 연구 분야가 존재한다. 미래의 산업 수요, 연구 분야 수요들을 고려하여 어떤 전공을 공부한 교수를 뽑아야 할지에 대해 다양한 의견이 있었다. 나는 내심 '취업 때문에 반도체 쪽 강의를 요청하는 학생이 많아졌는데 전공 교수가 많지 않으니 이번에는 반도체를 전공으로 연구를 하신 분을 뽑았으면 좋겠다'라고 생각하고 있었다.

그런데 한 선배 교수님께서 "우리 과에는 반도체를 하시는 분이 너무 많습니다. 이번에는 다른 분야를 뽑읍시다" 하시는 거였다. 나는 내심 놀라며 "교수님, 우리 과에 어느 분이 반도체를 전공하시지요?"하고 물었다. 그랬더니 그 교수님은 "저기 김OO 교수, 김XX 교수, 이XO 교수, 정YY 교수 다 반도체를 하지 않나요? 지금도 너무 많아요" 하셨다. 김OO 교수님은 그래핀과 같은 2차원 반도체 물질을 연구하시는 분이셨다. 김XX 교수님은 박막 공정을 이용해서 나노선(nano wire)을 키우고 그것으로 센서를 만드시는 분이셨고, 이XO 교수님은 반도체 공정을 이용하여 바이오 소자를 만드는 연구를 하시는 분이셨다. 정YY 교수님은 태양광을 전기 에너지로 바꾸는 소자를 새로운 반도체 물질을 이

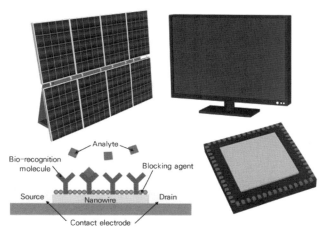

반도체 물질은 반도체 소자뿐 아니라 태양광 발전셀, 평면 TV의 화면 뒤의 회로, 바이오센서 등 다양한 제품에 사용되고 있다

용하여 만드는 분이셨다. 컴퓨터 칩에 들어가는 고전적인 의미의 반도체 소자를 연구하는 내 입장에서는 그분들의 연구 분야는 반도체가 아니었다. 그러나 다른 교수님분들은 이 모두를 반도체로 생각하고 있었다. 결론적으로는 반도체 연구하시는 분이 너무 많은 것이 되어 다른 분야의 교수님을 모시게 되었고, 반도체 강의는 내가 계속 맡아야만 했다.

위의 두 에피소드에서와 같이 '반도체'라는 단어에는 여러 가지 의미가 두루뭉실하게 함께 들어가 있다. 학과의 교수님들 같이 오랜 기간 공학을 연구해오신 분들 사이에서도 의미하는 바가 서로 다르게 사용된다. 그래서 오해가 생기는 경우도 많다. 잘 나누어 보면 '반도체'라는 단어는 크게 '반도체 성질을 나타내는 물질', '반도체 소자', '반도체 소자를 만드는 공정을 이용해서 만든 여러가지 소자'를 지칭하며 혼용되어 쓰이고 있다. 지금부터 각각의 개념에 대해 설명해 보도록 하겠다.

물질로서의 반도체는 일반적으로 '전기를 잘 통하는 도체와 전기가 통하지 않는 부도체 사이 정도의 전기를 통하게 하는 성질(전기전도도, conductivity)을 갖는 물질'이라고 말하는데 이는 정확한 정의가 아니다. 보다 정확히 말하면 도체와 부도체 사이의 전기전도도를 갖는 물질로서 이 전기전도도를 인위적으로 정밀하게 조절하는 것이 가능한 물질을 말한다.

전기전도도는 전기장(Electric field)을 주었을 때 전류를 얼마나 많이 흐르게 하는지의 능력을 말하는 것으로 저항(resistivity)의 역수이다. 전기전도도가 큰 물질일수록(저항이 작은 물질일수록) 같은 전기장 내에서 더 큰 전류를 흐르게 한다. 금속은 일반적으로 전기전도도가 매우 높아서 $10^2 S/cm$ 이상이 되는 물질들이다. 1cm의 거리에 1V를 걸어주면 $1cm^2$의 단면적에 100 A의 전류가 흐르는 것을 말한다. 전기전도도가 크면 같은 거리에 같은 전압을 걸어주었을 때 같은 단면적에 더 많은 전류가 흐른다. 반대로 어떤 물질은 전기전도도가 매우 낮아서 전류가 거의 안 흘러서 부도체라고 불리운다. 주변에서 볼 수 있는 유리나 도자기와 같이 금속이 산소와 결합한 산화물이나 탄소와 수소가 결합된 유기물들은 10^{-5}S/cm 이하의 값을 갖는다. 어떤 플라스틱은 10^{-18}S/cm 정도로 매우 낮다.

조금 더 자세히 들여다보자. 전기전도도는 전기를 갖고 나르는 전하 캐리어(carrier)가 많을수록 커진다. 또 전하 캐리어가 같은 전기장 아래에서 빨리 움직일 수 있는 정도인 전하이동도(mobility)가 클수록 커진다. 알기 쉽게 설명을 하면 전기전도도는 택배 물류에 비유할 수 있다. 택배 배달원의 수가 많으면 옮겨지는 물건의 양인 택배 물류가 커진다. 그러므로 택배 배달원의 수에 비례한다. 또 택배 배달원이 갖고 있는 운반 수단의 속도에 따라 택배 물류의 양이 비례한다. 이를테면 지게짐을 지고 운반을 하는

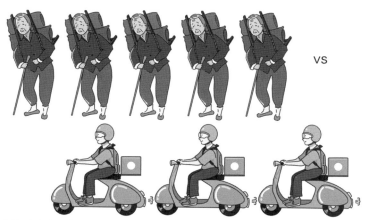

같은 전기장에서 흐르는 전류를 결정하는 전기전도도는 전하 캐리어의 숫자와 전하 캐리어의 빠른 정도인 전하이동도에 비례하여 결정된다.

택배 배달원보다는 오토바이를 사용하는 배달원들이 훨씬 빠르게 물류를 움직일 수 있는 것과 같다.

여기서 전하 캐리어란 전기를 띤 입자를 말하는데 전자(electron)도 전하 캐리어다. 모든 원소는 원자가와 같은 숫자의 전자를 갖고 있다. 그런데 원자가 갖고 있는 모든 전자가 전하 캐리어가 되는 것은 아니다. 일반적으로 전하 캐리어는 conduction band에 있는 전자, 또는 valence band에 있는 전자가 떠난 빈자리인 홀(hole)을 이야기한다. conduction band와 valence band는 양자역학에서 나온 개념이다. 양자역학적으로 전자는 입자이자 파동이다. 파동으로서 전자들이 고체 내에서 존재할 수 있는 상태(state)가 따로 있는데 이 상태는 모든 에너지 값에 다 있을 수 없고 존재할 수 있는 에너지 구간이 따로 있다. 간단히 이야기해서 전자가 고체 내에 존재할 수 있는 특정 에너지 대역이 존재한다고 생각하면 된다. 전자가 존재할 수 있는 에너지 state를 전자가 살 수 있는 집으로 생각하면 이해가 쉽다.

물론 이 에너지 대역은 물질마다 다르다. 존재하는 모든 물질은 에너지가 낮은 것을 지향하므로 에너지 값이 낮은 상태부터 전자를 채우면서 올라오게 된다. 그러면 전자의 숫자는 유한하므로 전자가 머물 수 있는 집(state)이 전자로 완전히 꽉 차 있는 에너지 구간과 전자가 머물 수 있는 집은 있지만 전자 숫자가 부족

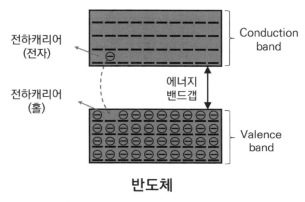

전하캐리어
(전자)

전하캐리어
(홀)

Conduction
band

에너지
밴드갭

Valence
band

반도체

주어지는 에너지를 받은 전자가 에너지 밴드갭을 뛰어넘으며 전하 캐리어가 생성된다.

해서 실제로 전자는 채워지지 않은 높은 에너지 구간이 있다. 또 그 중간에는 전자가 존재할 수 있는 집 자체가 없는 에너지 구간도 있을 수 있다. 전자가 꽉 채워져 있는 에너지 구간을 valence band, 전자가 채워지지 않고 state만 있는 구간을 conduction band, 그 두 밴드 사이의 전자가 존재해서는 안 되는 구간을 에너지 밴드 갭(energy band gap)이라고 부른다.

  valence band는 모든 집이 전자로 꽉 차 있다. 전기가 흐르기 위해서는 전자가 움직여야 한다. 전자의 이동은 밴드 내에 빈집이 존재해서 그 빈집을 이용해 한 칸씩 옆으로 움직이는 식으로 이루어지는데 꽉 차 있어서 모두 움직일 수가 없다. 반대로 conduction band는 빈집이 매우 많다. 그러나 움직일 전자가 없어서, 전기를 운반할 수가 없다. 그래서 전기를 운반하는 전하 캐리어가 되려면 conduction band에 올라간 전자가 있든지 valence band에 빈 집(홀)이 있어야 한다. 에너지 밴드 갭은 conduction band와 valence band 사이에 있는 전자가 존재할 수 없는 에너지 구간이다. 전하 캐리어가 되기 위해서는 valence에 있는 전자가 에너지 밴드 갭을 뛰어 넘을 수 있는 만큼의 에너지를 얻어서 conduction band로 올라가면 된다. 그러면 conduction band에 올라간 전자와 valence band에 전자가 올라가서 남게 되는 빈집(홀)이 생긴다. 이 전자와 홀은 전기장이 가해졌을 때 이동을 할 수 있어서 전류가 흐르게 되는 것이다. 에너지 밴드 갭을 뛰어넘을 수 있는 에너지는 빛이나 열, 전기 등 여러 가지 방법으로 줄 수 있다. 이러한 방법으로 valence band에 있는 전자를 conduction band로 올려서 conduction band 내의 전자와 valence band 내의 홀, 즉 전하 캐리어의 수를 조절하여 전기전도도를 조절하는 것이다.

여기서 우리가 생각해야 할 것 한가지는 에너지 밴드 갭의 크기이다. 에너지 밴드 갭이 너무 크면 뛰어 넘어야 할 에너지를 주기가 쉽지 않아서 전하 캐리어를 만들기가 어렵다. 즉, 에너지 갭이 너무 커서 valence band에 있는 전자들이 쉽게 conduction band로 올라 갈 수가 없다 그러면 전하 캐리어가 적어져서 전기를 잘 통하지 않는 물질이 된다. 이런 물질을 부도체 또는 절연체(insu-

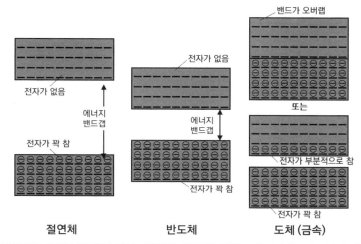

절대온도 0K에서의 밴드 구조 : 절연체, 반도체, 도체는 에너지밴드 구조에서 에너지 밴드갭의 차이에 의해서 결정된다.

lator)라고 부른다. 또 에너지 밴드 갭이 너무 작으면 주변 온도에 의한 열 등 에너지 밴드 갭을 뛰어넘을 수 있는 에너지를 쉽게 얻을 수 있다. 구태여 인위적으로 에너지를 주지 않아도 충분히 많은 수의 전하 캐리어가 생겨난다. 이러한 물질은 당연히 전기장을 가했을 때 전류가 아주 잘 흐르게 되는데 이를 도체(conductor)라고 부른다. 주로 금속들이 이런 도체가 된다.

에너지 밴드 갭이 아주 작은(또는 없는) 도체나 아주 큰 절연체와는 다르게 적당한 에너지 밴드 갭의 크기를 갖는 물질이 있다. 이 물질들은 우리가 여러 가지 방법으로 에너지를 주어서 전하 캐리어의 수를 조절할 수 있고 따라서 전기전도도를 바꿀 수 있다. 이것이 바로 반도체(semiconductor)라는 물질이다. 주로 최외각에 네 개의 전자를 갖고 공유 결합을 하고 있는 주기율표상 4족의 원소들(Si, Ge 등)이다. 또는 3족과 5족 원소들이 1:1로 결합하여 평균 네 개의 최외각 전자를 갖는 물질들(GaAs, GaN, InAs, InP 등)도 반도체가 된다. 이렇게 온도 등 외부 에너지에 의해서 전하 캐리어의 숫자가 조절되는 순수한 반도체를 진성 반도체(intrinsic semiconductor)라고 부른다. 진성 반도체는 외부 에너지에 의해서 valence band의 전자가 conduction band로 올라가서 전하 캐리어가 되므로 전자 전하 캐리어의 숫자와 홀 전하 캐리어의 숫자가 같을 수밖에 없다. 한가지 기억해야 할 것은 전자는 음전하이고 홀은 양전하라는 것이다. 전자가 음전하라는 것은 당연하다. 그런데 전자가 없는 빈집인 홀은 왜 양전하가 될까? 전하가 없는 0가 아닌가 생각할 수 있다. 홀을 양전하로 생각하는 것은 전류가 흐를 때를 상상해보면 이해하기가 쉽다. 전기장을 가했을 때 실제로는 이 빈집을 이용하여 전자가 하나씩 하나씩 옆으로 가는 것이다. 그런데 이렇게 음전하인 전자 하나, 하나가 옆으로 가는 것으로 생각하는 대신 양전하인 홀이 전자와 반대 방향으로 이동해가는 것으로 계산을 한다면 매우 단순해진다. 그래서 홀은 양전하로 이해하는 것이다.

진성 반도체와는 달리 다른 원자를 반도체 물질에 집어넣어서 (도핑, doping) 전하 캐리어의 숫자를 조절하는 반도체도 있다. 반도체가 아닌 원자를 집어넣었다고 하여 extrinsic semiconductor라고 불리는데 넣어주는 원자의 종류에 따라 전자나 홀이 생긴다. 평균 네 개의 최외각 전자를 갖는 반도체에 다섯 개의 최외각 전자를 보유한 5족 원소(P, As 등)를 넣어주면 전자가 한 개 남게 되고 이 전자는 쉽게 conduction band에 올라가게 되어 전하 캐리어가 된다. 이 반도체는 전자 전하 캐리어의 숫자가 홀 전하 캐리어의 숫자보다 많게 된다. 그래서 음전하가 많으므로 negative의 n을 따서 n형(n-type) 반도체라고 부른다. 반대로 세 개의 최외각 전자를 갖고 있는 3족 원소(B 등)를 넣어주면 전자가 하나 부족하게 되고 이 자리를 valence band에 있는 전자가 올라와서 메워주며 홀을 만든다. 이렇게 양전하인 홀이 많은 반도체를 positive의 p를 따서 p형(p-type) 반도체라고 한다.

최근에는 상용화되어 쓰이고 있는 Si, Ge 등의 4족 원소들이나 GaAs 등과 같은 3-5족 반도체와는 다른 물질의 반도체도 많이 연구되고 있다. 4족인 탄소의 여러 상(polymorph)인 벌키볼 (Buckyball), 카본 나노 튜브(carbon nanotube, CNT), 그래핀 등도 반도체 물질로 연구되고 있다. 또 InGaZnO(IGZO)와 같은 oxide 계열의 반도체도 개발되어 쓰이고 있다. 대형 TV의 화면에는 이

IGZO 반도체를 이용해 만든 회로가 들어가 있다. 평면상으로 만들어지는 전이금속 + 칼코게나이드(S, Se) 화합물인 MoS_2, WS_2 등도 반도체 특성을 보여서 연구의 대상이 되고 있다.

일반 사람들이 이야기하는 반도체는 '반도체 소자'일 경우가 많다. 반도체 물질을 이용하여 만든 전자 소자를 반도체 소자라고 한다. 소자(device)란 어떤 특정한 역할(function)을 수행하도록 제작된 부품을 말한다. 과거에는 트랜지스터(스위치, 증폭 등의 역할 수행), 다이오드(Diode, 정류 작용을 수행), 축전기(Capacitor, 전기를 저장하는 일을 수행) 등의 작은 단위의 개별 소자(단위 소자)를 일컬었다.

그런데 최근에는 메모리 소자(데이터를 저장), 로직 소자(연산 등을 수행), 이미지 센서(사진 촬영), 통신 소자(통신에 이용) 등과 같이 많은 수의 단위 소자를 작은 칩에 집어넣어서 만든 집적회로(Integrated Circuit, IC) 칩 역시 반도체 소자로 불린다. 특히 언론이나 일반인들은 이렇게 집적회로 칩으로 만들어진 것을 반도체라고 부르는 경우가 많다. 우리가 뉴스에서 접하는 '반도체 수출 역대 최대' 등에서 말하는 반도체가 이러한 경우이다.

이러한 반도체 소자들은 위에서 말한 반도체 물질에 전류나 전압과 같은 전기적 신호를 줘서 전하 캐리어의 숫자를 조절하여 전기전도도를 바꾸는 방식으로 작동한다. 많은 수의 단위 소자를 반도체 기판 위에 만든 후 금속 배선으로 연결한 후 패키징을 하여 만들어진다. 반도체 소자의 90% 이상은 위에서 말한 반도체 물질 중 실리콘을 이용해서 만든 것이다. 그 이유는 뒤에서 이야기하겠지만 실리콘이 많은 단위 소자를 좁은 면적에 넣는 집적 회로 제조에 가장 적합하기 때문이다.

요즘 사용하는 칩 중에는 반도체 물질이 아예 쓰이지 않았는데도 반도체라고 불리는 경우도 있다. 위에서 이야기한 대로 반도체 산업에는 많은 수의 단위 소자를 작은 칩 안에 넣는 집적회로를 만들다 보니 발전하게 된 기술이 많다. 이러한 제작 기술을 '반도체 집적 공정'이라고 부른다. 작은 사이즈의 모양을 똑같이 매우 많은 수로 만드는 데 특화된 기술이다. 한 면이 1cm도 안되는 매우 작은 면적에 100억 개도 넘는 수의 단위 소자를 만들어 넣을 수 있을 정도로 정교한 기술이다. 그러다 보니 이러한 제조 기술은 다른 응용 제품들을 만드는 데 사용되기도 한다. 기계적 장치를 아주 작게 만들어서 사용하는 멤스(Micro-Electro-Mechanical Systems, or MEMS)나 바이오센서와 같은 제품들이다. 이런 제품들은 주로 반도체 집적 공정에 능한 반도체 소자 기업들에서 만들어지는 경우가 많다. 제품의 특성상 반도체 물질을 사용하지 않는 경우도 많은데 그래도 아이러니하게 반도체라는 이름으로 불린다.

많은 사람이 알고 있을 반도체에 대해서 반도체 물질과 반도체 소자로 선을 그어서 장황하게 설명하였다. 그 이유는 이 책이 이야기하는 것은 바로 '반도체 소자'라는 것을 명확하게 하기 위해서다. 반도체 소자가 우리나라 전체 수출량 중 20% 이상을 차지할 만큼 반도체 산업은 우리에게 중요한 산업이다. 많은 국민이 우리나라 반도체 기업들의 선전에 자부심을 느끼며 외국과의 경쟁에 응원을 보내고 있다.

그러나 정작 이 '반도체 소자'가 무엇인지 이것을 만드는 데 어떤 것이 중요한지는 잘 모른다. '반도체 소자'는 위에서도 말했지만 '반도체 물질'을 이용해 만든 '전자 소자'를 의미한다. 반도체를 산업의 쌀이라고 부르며 현대 산업에서 중요하다고 한다. 하지만 여기서 우리가 더 주목해야 할 중요한 단어는 '반도체'가 아니고 '소자'라는 것을 인지하는 사람은 많지 않다.

반도체 물질을 이용하는 것은 전자 소자를 만드는 여러 가지 방법 중 현대에 와서 채택된 하나의 선택이다. 컴퓨터나 스마트폰, 가전 제품들과 같은 시스템은 다양한 기능을 필요로 한다. 이 기능들을 구현하기 위해서는 각 기능에 맞는 소자가 필요하다.

전자 제품들이 처음 나오기 시작한 1900년대 초에는 필요로 하는 기능이 매우 단순하였다. 전기적으로 전류의 흐름을 이었다 끊었다 하는 스위치 기능, 전선을 통과하는 전기 시그널이 약해지면 그것을 다시 같은 모양의 큰 전압을 갖도록 만드는 증폭 기능, +와 −를 계속 바꿔가며 흐르는 교류 전류를 한 가지 위상으로만 흐르도록 하는 정류 기능, 무선 통신이나 레이더에 쓰기 위한 높은 주파수의 전파를 만드는 기능, 이 전파를 받아서 다시 전기 신호로 바꾸는 기능 등 매우 단순하였다. 이러한 기능들은 직관적으로 알 수 있었으며 이 기능을 구현하는 것도 간단하였다. 한두 개의 단위 소자(다이오드, 트랜지스터, 레지스터와 같은 회로의 구성 요소들)로도 이러한 기능의 구현이 가능하였다. 전자 산업 초창기에 단위 소자를 만들어 필요한 기능들을 구현한 기술은 반도체 물질을 이용한 소자가 아니고 진공관을 이용한 전자 소자였다.

1904년 처음 소개된 이래 이 진공관 소자를 이용해서 다양한 전자 제품들이 쏟아져 나왔다. 전화, 라디오, TV 등 지금 우리가 쓰고 있는 많은 전자 제품의 초기 모델들은 바로 이 진공관 소자를 기반으로 만들어졌다. 세계대전을 거치면서 발달했던 전자 무기 체계들도 마찬가지로 이 진공관 소자를 이용하여 생산되었다. 예컨대 적 비행기의 공습을 알려주었던 레이더(radar)나 독일군의 암호 체계를 파악하는 데 큰 공헌을 한 Colossus라는 초기 컴퓨터도 이 진공관 소자를 이용해 만들었다. 2015년에 나왔던 '이미테이션 게임'이라는 영화를 통해 천재 수학자 앨런 튜링이

Colossus를 만드는 과정이 극화되어 소개되기도 하였다.

이렇게 반도체 소자 이전에는 진공관 소자가 50여 년 동안 전자 산업에 사용되면서 다양한 시스템이 요구하는 기능을 구현하며 많은 제품을 만들어 냈다. The Evolution of Computing [Documentary]과 같은 유튜브 동영상(https://www.youtube.com/watch?v=ZBZnSteT72A&t=920s)을 보면 발전, 증폭, 제어, 정류, 발광, 수광 등 현재의 반도체 소자가 하고 있는 대부분의 역할을 진공관 소자가 수행했던 것을 알 수 있다.

이처럼 천지개벽할 전자 제품들을 만들어내며 전자 산업의 성장을 이끌었던 진공관 소자는 반도체 소자가 발명되면서 '서서히' 자리를 내주게 된다. 그 이유는 후에 더 자세히 이야기하겠지만 진공관 소자가 성능, 전력 소모, 면적, 비용(Performance, Power, Area, Cost, PPAC) 측면에서 반도체 소자에 모두 뒤졌기 때문이다. 그래서 지금은 거의 대부분의 전자제품에서 반도체 소자에 자리를 내주고 고가의 오디오 앰프와 같이 매우 한정적인 곳에서만 쓰이고 있다.

우리가 반도체 소자를 공부하기 전에 알아야 할 것은 이처럼 시스템이라고도 불리는 전자 제품의 기능에 대한 요구가 먼저 있었고 이것을 만족시키기 위해서 소자가 만들어졌다는 점이다. 현재의 시스템은 이 요구가 비교할 수 없을 만큼 복잡해져서 한두 개의 단위 소자로는 원하는 기능을 구현해 낼 수가 없게 되었다.

스마트폰을 예로 들어보자. 스마트폰을 분해해보면 많은 반도체 칩이 나온다. 각종 어플리케이션을 돌릴 수 있게 하는 두뇌의 기능, 그것을 저장하고 사용하게 하는 기능, 사진을 찍는 기능, 전화와 데이터를 주고 받을 수 있는 기능 등 많은 기능이 필요하다. 이것을 만족시키기 위해서 연산을 해주는 AP(Application Processor), AP가 작동할 때 필요한 데이터를 순간순간 저장해두는 DRAM, 어플리케이션과 데이터를 오랜 시간 동안 저장해두는 NAND 플래시 메모리, 사진을 찍고 그것을 전기 신호로 바꿔주는 CIS(CMOS Image Sensor), 전화를 주고받고 데이터를 주고받을 수 있도록 해주는 모뎀(MODEM) 칩 등 많은 수의 반도체 칩이 만들어져서 이 기능들을 구현하고 있다.

반도체 칩의 숫자는 시간이 갈수록 점점 더 늘어가고 있다. 이렇게 필요한 기능을 만족시키기 위해서 반도체 칩은 작게는 수백 개에서 많게는 수백억 개의 단위 소자가 결합되어 만들어진다. 반도체를 이용한 집적회로는 이렇게 많은 수의 소자를 결합하는 데 큰 강점을 갖고 있다. 그 이유로 반도체 소자가 진공관 소자를 대체하면서 전자 소자의 대명사로 모든 전자 제품에 쓰이게 된 것이다.

앞으로도 기술이 발전하면서 필요한 새로운 시스템이 계속 생겨날 것이다. 그러한 시스템이 요구하는 기능들이 있을 것이다. 새롭게 요구되는 기능들을 만족시킬 수 있는 가장 좋은 선택지가 계속 반도체 소자일지는 알 수가 없다. 예를 들어 최근 인공지능을 사용하기 위한 시스템들이 많이 제안되고 있다. 인공신경망(Artificial Neural Network)을 구현하여 빅데이터를 학습시켜서 사용하려는 요구이다. 이러한 인공 신경망을 만드는 데 현재는 기존의 반도체 소자를 이용하여 구성하고 있다. 그러나 이 기능을 구현하는 데 반도체 소자를 이용한 기술이 가장 좋은 방법인지는 더 고민해야 한다. 반도체가 아닌 정말 인체를 구성하는 것과 같은 유기물 소재의 소자일 수도 있을 것이다.

이와 같이 소자는 시스템의 요구에 의해서 만들어진다. 그러므로 반도체를 공부하기 전에 이러한 반도체 소자가 나오게 된 시스템과 그 시스템이 요구하는 기능에 대해서 먼저 이해해야 한다. 현재의 반도체 소자가 나오게 된 시스템적 요구를 이해하는 것은 앞으로 나올 시스템에 맞는 소자를 연구하는 첫걸음이 될 것이다.

다음 장에서부터 반도체 소자의 역사를 이야기하며 시대에 따라 요청된 기능과 거기에 맞춰서 나오게 된 소자들에 대해서 이야기하도록 하겠다.

증폭 소자를 만들기 위해 탄생한 반도체 소자

19세기 말은 많은 과학 발전이 이루어진 시기였다. 유럽에서 이 시기 막스 플랑크, 닐스 보어, 퀴리 부부, 아인슈타인, 하이젠베르크 등 천재적인 학자들이 나타나며 물리와 화학 분야에서 비약적인 발전이 이루어졌다. 미국은 그러한 과학 발전 관점에서 보면 변방이었다. 그런데 미국에서 이 시기 산업의 급격한 발전이 일어났다. 이것은 과학적 발전이라기보다는 공학적 발전이라는 말이 더 맞는 표현일 것이다. 발전된 과학적 이해를 공학으로 연결시켜서 거대 산업을 만들어 낸 거인 중 한 명이 미국에서 나타났는데 토머스 에디슨(1847~1931)이었다.

전구와 전기의 송배전 시스템을 만든 것으로 유명한 에디슨은 처음 전신기 특허로 큰돈을 벌었다. 그 후 1874년 자동 발신기 개발, 1877년 축음기, 1879년 전화 송신기 개발, 1880년 신식 발전기와 전등 부속품 개발, 1882년 발전소 건설 등 수많은 발명품을 만들고 전기 산업을 만들었다. 토머스 에디슨은 전기의 시대를 열어서 각 가정에서 전기를 쓸 수 있게 해준 사람으로 역사에 기록되었다. 에디슨은 인류의 생활을 이전과는 전혀 다른 모습으로 바꾸었다. 전기의 시대에 사람들은 이전에 존재하지 않았던 많은 새로운 시스템을 쓸 수 있게 되었다. 멀리 있는 사람과 만나지 않고 소식을 주고 받을 수 있게 만들어 준 전신도 이 전기 시대의 산물이었다.

전신이 발전할수록 사람의 목소리로 직접 말하고 들어서 소식을 주고받고자 하는 욕구가 커졌다. 스코틀랜드 에든버러에서 태어나 미국으로 이주한 알렉산더 그레이엄 벨도 소리를 이용한 통신 시스템인 전화를 만들고자 한 사람 중 한 명이었다. 그는 전화의 최초 발명자가 되며 전화사업을 일으킨 사람으로 유명하다. 그런데 이 벨이 본인이 의도하지는 않았지만 반도체 소자의 개발에 중요한 역할을 한 사람이 된다.

벨의 조부인 알렉산더 벨은 초기 발성학 분야의 개척자였고 벨의 아버지 역시 청각장애인에게 발성법을 가르치는 선생님이었다. 게다가 벨의 어머니는 청각장애인이었기에 벨은 자연스럽게 음성의 발성과 전달에 관심이 많았다. 벨 역시 청각장애인에게 말하는 법을 가르치는 선생님이 되었다. 발성 개인교습은 상당히 괜찮은 돈벌이여서 벨은 선생님으로서 안정된 삶을

1876년 3월 10일 세계 최초로 전화 통화를 성공한 그레이엄 벨이 1892년 뉴욕에서 시카고로 장거리 전화를 걸고 있다.

살 수 있었다. 그러면서도 벨은 음성을 기록하고 전달하는 장치에 관심이 많아서 그와 관련된 실험을 병행하며 살고 있었다.

어느 날 벨은 이 음성을 전달하는 기계를 완성하는 데 전념해야겠다고 결심하고 교사 생활을 그만둔다. 다양한 실험과 공부를 통해 벨은 음성의 떨림을 기록하고 전기적으로 전달할 수 있는 방법의 개념을 잡게 된다. 결국 1876년 전화기의 특허를 내게된다. 이 전화기 특허에 대해서는 많은 논란이 있다. 특히 엘리샤 그레이와 비슷한 내용의 특허를 1876년 2월 14일 같은 날 제출 하고 기나긴 특허 전쟁을 벌인 것은 유명한 일화이다.

어쨌든 벨은 이 특허를 바탕으로 전화를 제작하여 1877년 2월 12일 세계 최초로 전화 통화를 시연하는 데 성공을 한다. 그 후 벨 전화회사(Bell telephone company)를 만들어서 전화기 사업을 시작한다. 벨 전화회사는 치열한 법정 싸움과 동시에 경쟁회사들을 인수 합병하며 전화 사업을 키워나갔고 이는 매우 성공적이었다. 벨 전화회사는 큰 돈을 벌 수 있었다. 그러나 전화 사업의 시장성이 어마어마했으므로 계속해서 많은 회사가 욕심을 내고 뛰어들었다. 치열한 경쟁 속에서 계속 선두를 지키기 위해서는 다른 회사들에 비해 기술적으로 앞서는 무엇인가가 있어야만 했다. 그중 하나가 미 대륙을 전부 연결하는 전국망 서비스였다. 미국의 동부에서 서부까지 연결하는 통화 서비스를 할 수 있다면

다른 경쟁자들에 비해 확실히 앞서나갈 수 있을 것이었다

유선 전화는 기본적으로 음성을 전기 신호로 바꾸어 전선을 통해 보내는 것이다. 그런데 전선에는 저항이 있으므로 거리가 멀어질수록 저항에 의해 신호의 세기가 줄어든다. 당시의 전화는 거리가 멀어지면 신호가 작아져서 무슨 소리인지 알 수가 없게 된다. 그러므로 보낼 수 있는 거리의 한계가 있었다. 전국망 서비스를 위해서는 이렇게 작아지는 신호를 중간 중간 다시 키우는 (증폭시키는) 기능을 하는 장치가 필요했다. 이렇게 작은 전기 시그널을 같은 형태의 큰 파장의 전기 시그널로 바꾸어주는 장치를 증폭기(Amplifier)라고 한다.

19세기에는 이렇게 전기 신호를 증폭해줄 수 있는 장치가 없었다. 20세기 들면서 과학 기술이 더욱더 발전하며 다양한 기술과 장치가 등장하게 된다. 그중 전기 신호의 증폭을 가능하게 만들어 주는 소자도 있었는데 앞에서 소개되었던 진공관(vacuum tube)을 이용한 소자였다.

전구를 발명한 위대한 사업가 토마스 에디슨이 바로 이 진공관의 탄생에 기여하는 에디슨 효과를 발견하였다. 에디슨은 본인이 만든 전구에 금속 전극을 하나 넣어봤다. 그리고 금속판에 양극을 가하고 전구의 필라멘트에 음극을 가하자 뜨거워진 음극의 필라멘트와 금속판 양극 사이에 전류가 흐르는 것을 발견하

였다. 반대로 금속판에 음극을 가하면 전류가 흐르지 않는 것도 발견하였다. 이 현상을 '에디슨 효과'라고 부른다. 뜨거운 음극의 필라멘트에서 전자가 튀어나와서 전위가 높은 양극 금속으로 들어가면서 전류가 흐르게 되는 것이다. 반대로 금속판이 음극이면 전위가 낮아져서 전자가 흐를 수가 없게 되는 것이었다. 당시에 에디슨은 재미있는 현상이라고 생각했지만 이것을 어디에 사용할지에 대해서는 명확히 정하지 않았다.

1904년 영국의 존 앰브로스 플레밍은 이러한 에디슨 효과를 이용한 2극 진공관을 만들어 발표하면서 쓰임새를 찾아냈다. 2극 진공관은 전기를 한 방향으로만 흐르게 하는 정류 작용을 할 수 있으므로 교류 전류를 직류로 바꾸어주는 데 사용할 수 있었다. 이렇게 전기의 정류 작용을 하는 소자를 다이오드(diode)라고 부른다. 진공관 소자를 이용하여 다이오드를 만든 것이다.

이후 1907년 미국의 리 디포리스트는 조금 발전된 구조의 진공관 소자를 고안했다. 음극인 필라멘트와 양극인 금속 전극 사이에 금속망(grid)을 추가한 3극관을 특허 등록한 것이다. 이렇게 3극관을 만들면 금속망에 가해지는 전장의 크기에 비례해서 두 극 사이에 흐르는 전류가 변하게 된다. 금속판에 양극을 걸어놓으면 전자가 들어가며 큰 전류가 흐른다.

그러나 금속망에 음전압을 걸어주면 전자를 밀어내서 흐르는 전류가 줄어들게 된다. 흐르는 전류의 양은 금속망에 걸리는 음전압에 반비례하게 된다. 그러므로 이 3극관에 가해지는 전압을 잘 조절하면 금속망에 가하는 전장에 비해 훨씬 큰 전류를 두 극 사이에 흐르게 할 수 있다. 즉 금속망에 걸리는 작은 전기 신호를 이용하여 두 전극 사이에 큰 전류를 흐르게 하여 전기신호를 증폭할

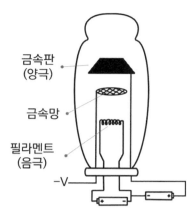

디포리스트의 3극 진공관은 금속망에 가하는 작은 전압으로 음극 필라멘트와 양극 금속판 사이의 큰 전류를 조절할 수 있어서 증폭 소자로 사용할 수 있었다.

수 있는 것이다. 이렇게 디포리스트의 3극 진공관은 증폭 소자로 사용이 될 수 있었고 이 소자를 이용하여 벨이 꿈꿔 왔던 미 대륙을 관통하는 장거리 전화가 실현된다.

1915년 1월 25일 마침내 뉴욕과 샌프란시스코를 연결하는 7,640km의 장거리 통화를 성공시킨 것이다. 미 대륙을 관통하는 서비스를 통해 벨 전화회사의 후신인 AT&T(American Telephone and Telegraph Company)는 미국 전화 시장에서 독점적인 위치에 올라서면서 어마어마한 돈을 벌게 된다.

AT&T는 전화 사업을 통해 벌어들이는 엄청난 돈을 바탕으로

다양한 투자를 하였다. 그중 하나가 1925년 인수한 Western Electric이 가진 연구 부서를 개편하여 그 유명한 벨랩(Bell laboratory)을 만든 것이다. 이 벨랩은 후에 레이저, 태양광 셀, 전파를 이용한 천문관측, UNIX 시스템 등 셀 수 없이 많은 훌륭한 연구 결과물을 내놓았다. 이러한 결과를 바탕으로 아홉 번의 노벨상을 수상하는 위대한 업적을 이루고 현재까지도 가장 성공적인 기업 종합연구소의 대명사로 일컬어지고 있다.

AT&T가 설립한 이 연구소는 전화 사업에 필요한 기술을 개발하는 것이 당연히 가장 주요한 임무 중 하나였다. 그중 진공관 증폭기의 여러 가지 단점을 없앤 소자를 만드는 것도 가장 중요한 미션이었다. 진공관 소자는 필라멘트에서 나오는 전자를 모아서 전류를 흐르게 한다. 그런데 전자가 나오려면 필라멘트의 온도를 높게 해야 한다. 전기적 가열로 필라멘트의 온도를 높이는 것이므로 매우 많은 전력을 사용할 수밖에 없다. 또 장시간 고온에서 사용하는데 중간에 필라멘트가 못 견디고 끊어져서 망가지는 것도 문제였다. 그럴 때마다 망가진 진공관 소자를 새 것으로 교체해줘야만 했다.

또한 당시 기술로는 진공을 둘러싼 외관을 유리로 만들 수밖에 없었다. 이렇게 유리로 된 진공관이 유통과 보관 시 깨져서 못쓰게 되는 경우도 수시로 발생하였다. 그래서 어떻게 하면 유통과 보관이 용이하고 오래 사용하면서도 전기를 적게 쓰는 증폭기를 만들까가 큰 숙제일 수밖에 없었다. 벨랩은 미 전역에서 물리학자와 공학자 등 많은 훌륭한 연구자들을 불러와서 보관과 사용이 쉽고 오랜 기간 사용이 가능한 저전력 증폭기를 개발하는 연구를 하도록 하였다.

당시 많은 연구자는 반도체라는 물질을 이용하면 이 문제를 해결할 수 있을 것이라고 믿었다. 반도체는 1833년 마이클 페러데이가 AgS 단결정에서 처음으로 관찰한 특이한 현상을 보이던 물질이었다. 일반적으로 금속 도체들은 온도가 올라가면 전기전도도가 떨어진다. 이는 온도가 올라가면 금속 양이온들의 진동(lattice vibration)이 커지면서 전하 캐리어인 전자들의 전하 이동도가 떨어지기 때문이다.

그런데 페러데이가 관찰한 AgS 단결정은 이와 반대로 온도가 올라가면 전기전도도가 올라가는 특성을 보였다. 앞에서 이야기했듯이 반도체는 온도가 올라가면 전하 캐리어의 숫자가 증가하는데 이것이 전하이동도의 저하를 상쇄하고도 남을 정도였기 때문이다. 이처럼 반도체는 열이나 빛, 전기 등 다른 에너지를 이용해서 전기전도도를 조절할 수 있는 신기한 물질이었다. 이 신기한 물질이 의미 있는 용도로 처음 쓰인 것은 전기를 한 방향으로 흐르게 하는 정류 작용을 하는 다이오드였다.

1874년 독일의 젊은 대학원생이던 페르디난드 브라운은 반도체인 PbS 결정에 금속 전선을 연결하고 전기를 흐르게 하면 한쪽 방향으로는 전기가 흐르나 뒤집어서 연결을 하면 전기가 흐르지 않는 것을 발견했다. 이 반도체와 금속의 접합은 위에서 존 앰브로스 플레밍이 발명한 2극 진공관과 같이 다이오드의 역할을 하는 것이었다. 그런데 당시는 반도체 물질을 만드는 기술이 우수하지 못했기에 널리 사용될 만큼 우수한 성능의 제품을 만들 수 없었다. 반도체를 이용한 다이오드는 고체기반으로 깨지지 않는 등 잠재력은 충분하였으나 진공관 소자를 대체하지는 못했다.

그러나 제2차 세계대전이 발생하면서 이러한 고체 다이오드의 수요는 폭발적으로 커지기 시작했다. 특히 레이다의 출현은 반도체기반 다이오드의 수요를 크게 늘렸다. 비행기의 공습과 공중전을 위해서 발명된 레이더의 전파를 감지하는 용도로 깨지지 않는 고체 소자인 반도체 기반 다이오드가 딱 적격이었다. 이 무렵 반도체 물질의 순도와 결정성을 높이는 많은 기술이 개발되며 이러한 반도체 기반 소자의 탄생을 도왔다. 결국 1941년 레이더 전파 감지기로 사용되기 시작하였다.

순수한 Si은 $1cm^3$에 약 5×10^{22}개의 Si 원자가 들어있다. 여기에 최외각 전자를 다섯 개 갖고 있는 5족 원소나 최외각 전자 세 개를 갖고 있는 3족을 약간 집어넣어서 전기를 나르는 전자나 홀과 같은 전하 캐리어를 만들어서 전기전도도를 조절해준다. $1cm^3$당 10^{15}개만 집어넣어도 매우 큰 전기전도도의 증가를 볼 수 있다. 이것을 백분율로 나타내면 99.99999%의 순도를 말한다. 바꾸어 말하면 우리가 의도하지 않은 0.0000001%의 오염으로도 반도체의 성질은 크게 바뀔 수 있다는 의미이다. 살짝 손으로 만지는 행위나 공기 중 떠다니는 먼지로도 우리가 쓸 수 없을 만큼 오염이 되는 것이다. 실리콘을 반도체로 사용할 수 있으려면 100억 개의 Si당 한 개 이하의 다른 원자가 있을 정도의 순도여야 한다. 비유를 하자면 사람의 머리카락이 약 10만 개이므로 10만 명의 사람의 머리카락 중 흰머리가 한 개 이하여야 한다는 것이다.

초창기 반도체 소자를 쓸 수 없었던 원인은 이렇게 순도가 높은 반도체 물질을 만들 수 있는 방법이 없었던 데 있었다. 그래서 반도체 산업의 역사를 오염과의 싸움의 역사라고 말하는 사람도 있다.

현대적인 방법의 반도체 오염 정제 방법은 1951년 개발되었다. 벨랩의 William Pfann은 zone refining이라는 방법을 사용하여 Ge 반도체의 순도를 올리는 데 성공했다. 반도체에 녹는 불순물의 양이 반도체가 고체였을 때와 액체였을 때 다르다는 점에서 착안한 것이다. 길다란 도가니에 담긴 Ge 로드의 일부에만 전기 코일로 열을 가해 녹이는 것이다. 그리고 로드의 길이 방향으로 열

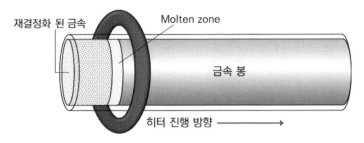

재결정화 된 금속   Molten zone

금속 봉

히터 진행 방향 ──────▶

zone refining 방법
Zone refining 법은 반도체의 순도를 크게 올릴 수 있게 해주었다.

원을 움직여서 녹인 부위를 옮겨가는 것이다. 그러면 녹았다가 고체로 굳는 부위의 불순물이 옆에 녹은 액체 부위로 옮겨가면서 고체 부위의 순도가 올라가는 방법이다. 이 방법을 반복하면 불순물의 양을 크게 줄여서 사용이 가능한 수준의 순도를 가진 반도체를 만들 수 있다.

불행히 이 방법은 Si에는 사용할 수 없었다. Si은 Ge에 비해서 녹는 온도가 높다(Ge: 938.2°C, Si: 1414°C). 그래서 Si을 녹이기 위해 높은 온도로 올리면 도가니와 Si이 반응하기 때문이다. 벨랩의 Henry Theurer은 1952년 이 zone refining을 개량하여 도가니 없이 할 수 있는 방법을 만들었다. Float zone이라는 방법인데 수직으로 세운 실리콘 막대의 일부를 아래서부터 녹여 올라가며 정제하는 방법이다. Float zone은 순도를 높이는 것과 동시에 단결정을 만드는 데도 사용할 수 있는 방법이었다.

세계대전을 거치며 반도체 물질의 품질을 높이는 방법들이 나오면서 많은 연구자들이 반도체를 이용하여 증폭기를 만들 수 있을 것이라 생각하고 있었다. 벨랩의 윌리엄 쇼클리(1910~1989)도 그중 하나였다. 캘리포니아 팔로알토에서 자란 윌리엄 쇼클리

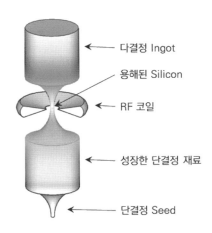

다결정 Ingot
용해된 Silicon
RF 코일
성장한 단결정 재료
단결정 Seed

Float zone 방법
Float zone 방법을 통해 순도가 매우 높은 단결정 Si를 만들 수 있게 되었다.

는 명문 캘리포니아공과대학(Caltech)에서 학부를 마치고 1936년 MIT에서 물리학 박사를 받은 후 벨랩에 입사했다. 벨랩에서 CuO와 같은 반도체 물질을 이용하여 진공관을 대체하는 고체 소자를 만들기 위한 연구를 진행하던 중 제2차 세계대전이 발발하였다. 많은 연구자가 본업에서 잠시 떠나 전쟁의 승리를 위한 군사 기술 연구에 매진하게 되었다. 쇼클리도 하던 연구를 중단하고 미국의 전쟁 승리를 위해 레이더, 잠수함 탐지 등의 기술 개발에 투입되었다.

전쟁이 끝난 후 복귀하자 벨랩은 쇼클리를 중심으로 고체물리 연구팀을 구성해서 본격적으로 반도체를 이용한 증폭기 연구를

진행시켰다. 쇼클리는 전기장을 걸어서 흐르는 전류를 조절하는 전계효과이론(Field effect theory)을 만들고 이것을 이용하여 증폭을 할 수 있는 소자를 만들기 위해서 노력을 하였다.

그러나 소자를 만들기 위한 시도는 실패를 거듭하였다. 이론적으로는 외부에서 주어지는 전기장에 따라 전류가 바뀌어야 하는데 실제로는 전류가 조절되지 않는 것이었다. 당시 이 팀에는 또 한 명의 위대한 연구자가 있었다. 미국 위스콘신 출신의 존 바딘(1908~1991)이었다. 존 바딘은 프린스턴대학에서 박사학위를 받은 연구자로 뛰어난 이론물리학자였다. 존 바딘은 후에 반도체 소자를 만든 것으로 한 번, 초전도 현상으로 다시 한 번, 이렇게 노벨물리학상을 총 2회 수상한다. 현재까지 노벨물리학상을 두 번 받은 사람은 존 바딘이 유일하다.(퀴리부인은 물리학상과 화학상을 한 번씩 수상).

당시 쇼클리의 연구팀은 매일 같이 열띤 토론을 하며 연구를 진행하고 있었다. 이때 존 바딘은 반도체의 표면 state가 전하 캐리어를 붙잡아서 우리가 걸어주는 전기장이 반도체에 걸리는 것을 방해한다고 생각하였다. 그래서 전계효과 소자가 예상한 대로 작동하지 않을 수 있다는 이론을 만들어 실패를 설명하였다.

대신 존 바딘은 실험에 뛰어난 월터 브랫튼과 함께 이를 피할 수 있는 구조의 소자를 만드는 실험을 진행하였다. 전류가 흐르

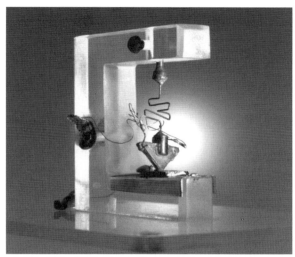

최초의 트랜지스터 – 존 바딘과 월터 브랫튼의 아이디어를 바탕으로 만든 Ge 기반 점 접촉 트랜지스터

는 반도체의 중앙에 금속을 매우 작게 붙이면 이 점 접촉(point contact)을 통해 전류가 흐르고 이 전류를 이용하면 반도체 양 단의 전류의 양을 조절할 수 있었다. 바로 점 접촉 트랜지스터 (point contact transistor) 를 만드는 것이었다.

마침내 존 바딘과 월터 브래튼은 Germanium에 gold를 붙여서 드디어 전기신호를 증폭하는 소자를 만드는 데 성공한다. 1947 년 12월 23일, 크리스마스를 이틀 앞두고 최초의 트랜지스터가 선보이게 된 것이다(실제 성공은 12월 16일이었고, 12월 23일은 재현 실험을 함). 벨랩의 상사였던 John Pierce는 이 소자에 '트랜지스터

(transistor)'라는 이름을 붙였다. "다른 쪽에서 저항을 변화(tran-sresistance)시키는 소자"를 의미하도록 만든 단어이다. varistor, thermistor와 같은 소자와 라임을 맞춰서 만든 조어였다. 최초의 트랜지스터는 엄지손톱만한 크기였다.

벨랩은 이 결과를 특허로 출원하면서 윌리엄 쇼클리의 이름을 제외하기로 결정하였다. 쇼클리의 전계효과(field effect) 아이디어가 과거 전계효과 소자를 최초로 제안했던 Julius Edgar Lilienfeld의 1930년 특허와 논쟁의 여지가 있어서 취해진 조치였다. 하지만 이 결정은 팀의 리더였던 쇼클리의 기분을 매우 상하게 한다. 윌리엄 쇼클리는 아주 괴팍한 성격을 가진 사람이었다. 본인이 모든 것의 중심이 되어야 한다고 생각하는 독선적인 사람이었으며 철저한 유전적 우생학의 신봉자였다. 쇼클리는 바딘과 브래튼 소자의 성공이 최초 발명의 영광을 훔치기 위해 자신의 뒤에서 몰래 협잡한 결과라고 생각하였다. 또한 바딘과 브래튼의 소자 구조가 대량 생산에 적합하지 않다고 생각하였다. 그래서 본인만의 소자를 만들기 위해 몰래 연구하였다.

쇼클리는 바딘과 브래튼의 특허가 자신의 이름이 없이 출원된 지 9일 후 자신의 소자 구조에 대한 아이디어(junction transistor)를 출원하였다(1948년 1월 23일). 이러한 갈등으로 회사는 매우 난처한 상황이 되었다. 팀 리더가 팀원들이 이룬 트랜지스터 최초

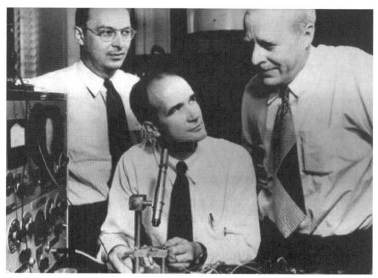

트랜지스터의 최초 발명자로 인정받은 윌리엄 쇼클리, 존 바딘, 월터 브랫튼 – 이 사진 뒤에는 많은 이야기가 있다.

개발이라는 연구 업적을 가로채는 듯한 모양새가 되기 때문이다. 그래서 벨랩은 트랜지스터의 최초 발명자를 팀 리더인 쇼클리를 포함하여 세 명으로 정하고 대외적으로 공표하기로 결정하였다.

이러한 일련의 진행 과정에서 바딘과 브래튼은 쇼클리에 대해 큰 반감을 갖게 되었다. 그들은 공동 발명자가 되는 제안을 받아들이고 싶지 않았으나 회사의 설득으로 어쩔 수 없이 수락하였다. 그리고 언론 홍보를 위해 사진을 찍게 되었는데 그 결과 찍은 사진이 위의 사진이다. 이 사진은 매우 유명한 사진으로 쇼클리는 가운데 자리를 차지하고 테스트 장비에 손을 얹고 지시를 하는 듯한 포즈를 취하고 있다. 브래튼은 후에 쇼클리는 한 번도 만지지도 않았던 측정 장비를 사진을 찍기 위해 처음 만졌다고 냉소하였다.

트랜지스터 발명의 대중적인 명성은 팀 리더였던 쇼클리가 가장 크게 얻게 되었다. 기자들은 트랜지스터의 개발이 쇼클리 혼자 한 것인 양 인터뷰를 하고 기사를 쓰기도 하였다. 물론 쇼클리는 다른 두 사람의 공헌에 대해서 계속 이야기했지만 이미 금이 간 관계를 치유할 수는 없었다. 일리노이어바나샴페인대학(University of Illinois at Urbana-Champaign) 교수를 겸직하고 있었던 존 바딘은 벨랩을 떠나기로 결심했다. 대학으로 돌아간 존 바딘은 연구주제를 바꿔서 초전도 현상에 대한 연구를 시작하였고 1972년 이 주제로 두 번째 노벨물리학상을 수상하게 된다. 월터 브래튼은 벨랩을 떠나지는 않지만 쇼클리와 함께 일하는 것을 거부하고 다른 팀으로 옮겨서 일하게 된다.

우여곡절 끝에 탄생한 고체 기반 전자 소자인 트랜지스터는 진공관의 자리를 빠르게 대체하며 전자 산업을 더욱 크게 발전시켜 나갔다. 1951년 처음으로 상업적으로 생산되어 유선 전화의 교환기에 쓰이기 시작하였다. 또한 보청기와 같은 새로운 응용 제품도 출시되었다.

공전의 히트로 '트랜지스터' 라는 이름을 대중에게 널리 알리게 만든 소니의 라디오 'TR-55'

1952년 트랜지스터라는 이름을 대중에게 크게 알리는 제품이 나오는데 그것은 라디오였다. 반도체 트랜지스터의 위력이 서서히 알려지면서 많은 회사가 벨랩의 특허를 라이선싱하여 트랜지스터를 만들기 시작하였다. 그중 한 회사가 텍사스 달라스에 위치한 텍사스인스트루먼츠(Texas Instruments, TI)였다. TI는 특허를 라이선스 하여 만든 NPN 트랜지스터를 이용하여 AM 라디오를 만들었다.

그러나 이 트랜지스터 라디오를 가장 많이 팔아서 대중에게 알린 것은 일본의 전자 회사 소니였다(당시 이름 도쿄통신공업). 다른 회사와 마찬가지로 벨랩으로부터 반도체 특허를 라이선싱한 소니는 1955년 주머니에 휴대할 수 있는 라디오인 Sony TR-55를 내놓았다. 연이어 1957년 만들어진 후속 제품인 TR-63은 진공관을 이용한 휴대용 라디오의 성능을 훨씬 뛰어넘으며 공전의 히트를 하게 된다. 이 성공으로 소니는 일약 전자 산업의 대표 기업 중 하나가 된다.

이렇게 트랜지스터를 이용한 휴대용 라디오의 성공으로 예전 어르신 중에는 트랜지스터를 라디오의 다른 말로 생각하시는 분들도 있다. 라디오에서 트랜지스터의 성공과 같이 1950년대 말까지 많은 전자 제품에서 진공관을 트랜지스터로 바꾸는 붐이 일어났다.

논리 회로와 스위치 소자

다시 시간을 거슬러 1930년대로 돌아가보자. 이때 제2차 세계 대전이 시작되면서 다양한 군사 기술이 개발되었다. 그중에는 원자폭탄과 같은 대량 살상 무기도 있었지만 후에 인간의 생활을 크게 바꿔줄 많은 기술도 있었다. 그중 하나가 전자계산기였다. 전쟁으로 인해 빠른 계산에 대한 수요가 크게 늘어났다. 미사일을 명중시키기 위해서 발사 궤적을 계산한다든지 적군의 통신 내용을 알아내기 위해서 적의 암호 시스템을 해독해내는 것과 같이 다양한 형태의 계산이 필요해졌다. 이러한 계산은 사람의 손과 머리로 하기에는 너무 방대한 양이었다. 그래서 계산을 빨리 해 줄 다양한 형태의 기계 장치가 나오게 된 것이다.

계산하는 기계를 어떻게 만들 수 있는가 하는 아이디어는 1854년 영국의 수학자인 조지 부울(George Boole)이 고안한 '논리 대수' 또는 '부울대수(Boolean algebra)'라고 하는 수학에서 출발한다. 조지 부울은 참과 거짓을 판단할 수 있는 논리 명제를 체계적으로 표현하기 위해서 부울대수를 제안한다. 조지 부울은 인간의 모든 생각은 이러한 논리 명제들의 논리합(OR), 논리곱(AND), 논리 부정(NOT)으로 표현할 수 있다고 생각하고 이것을 증명하기 위해서 "The Laws of Thought"라는 논문을 썼다. 조지 부울은 명제의 참과 거짓을 이진값인 1과 0에 대응시키고 논리연산을 하는 새로운 대수를 만들어냈다. 논리 명제들이 AND,

OR, NOT 들과 같은 연산자로 복잡하게 관계를 갖고 있어도 부울대수의 정리와 법칙들을 이용하면 간단한 형태로 만들어갈 수 있다. 부울대수는 논리합(OR, +), 논리곱(AND, ·), 논리 부정(NOT, 상단 -) 등의 기본 논리 연산을 갖고 있으며 이들 간에 교환 법칙, 결합 법칙, 분배 법칙이 성립한다. 인간의 사고 논리를 이러한 논리 법칙으로 설명해보려고 한 조지 부울의 시도는 성공적이지는 못했지만 이 부울대수는 인간만이 하던 계산을 기계가 대신할 수 있게 하는 근본 원리가 된다.

간단한 예로 부울대수를 이용하여 가로등을 상황에 맞게 켜고 끄는 자동 점등기를 설계해보자. 도로의 가로등을 아래와 같은 조건에서만 켜지는 것으로 하자.

- 해가 졌는데 차가 다니면 가로등을 켠다
- 비가 내리면 가로등을 켠다

우리에게 해가 떠 있는 것을 알 수 있는 센서(A), 차가 다니는 것을 파악하는 모션 센서(B), 비가 내리는 것을 파악하는 강우 센서(C)가 있다고 하자. 그러면 각 센서 상태와 가로등의 상태를 아래와 같은 경우에 참(1)으로 표현할 수 있다.

A : 해가 떠 있다

B : 차가 다닌다

C : 비가 내린다

출력 : 가로등을 켠다

조건에 따라 일어나는 상황을 진리표로 만들면 아래와 같이 정리된다.

Input			Output
A	B	C	
0	0	0	0
0	0	1	1
0	1	0	1
0	1	1	1
1	0	0	0
1	0	1	1
1	1	0	0
1	1	1	1

자동 점등기 진리표

위에 말한 바와 같이 부울대수는 참과 거짓을 이진수 1과 0에 대응해서 설명한다. 이것을 전기가 들어오고 나가는 상태에 대응하면 부울대수는 전기적으로 구현이 되는 것이다. 위의 예와 같이 자동 장치를 설계하는 것이 부울대수를 푸는 것과 같다는 것을 깨닫고 체계화한 사람은 21세의 어린 클라우드 섀넌(Claude

Shannon)이었다. 1937년도 MIT의 석사 과정 학생이었던 섀넌은 자신의 석사학위 논문에서 스위치 소자로 구성된 전기 회로로 부울대수를 푸는 법을 정리하였다. 이 방법을 이용하면 어떠한 논리적인, 수리적인 연산도 스위치를 갖고 표현할 수 있게 되는 것이었다. 이것은 디지털 회로 설계의 시작이자 체계화된 자동 장치 설계의 탄생을 의미한다.

디지털 논리 설계는 아래와 같은 과정을 따르면 된다
- 입력(input)과 출력(Output)을 정한다
- 진리표를 만든다
- 이 진리표가 가능하도록 부울대수로 표현한다
- 회로로 구성한다

위의 가로등 자동 점등기의 예처럼 입력, 출력에 맞는 진리표를 만들고 이 진리표가 가능하도록 부울대수로 표현을 하면 이 장치의 출력(Output)은 부울대수의 식으로 $\overline{A} \cdot B + C$이 된다. 이것을 회로로 구성하면 다음 장의 그림과 같다.

AND, OR, NOT 등 논리 연산자는 스위치 소자 여러 개를 이용하여 구현할 수 있다. 그러므로 스위치 소자를 많이 연결한 전자 장치가 논리 연산을 할 수 있게 되는 것이다. 이렇게 논리 연

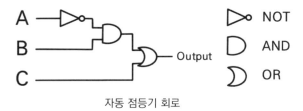

자동 점등기 회로

산을 푸는 방법으로 회로를 구성하므로 수리, 논리 연산을 수행하는 소자를 로직(Logic) 소자라고 부른다. 컴퓨터의 CPU(중앙 처리 장치, Central Processing Unit)나 스마트폰의 AP(어플리케이션 프로세서, Application Processor) 등이 대표적인 로직 소자이다. 정리하자면 스위치 소자를 많이 연결하면 우리가 원하는 다양한 연산과 자동화를 모두 할 수 있다는 것이다.

이제부터는 숫자 계산을 해보자. 간단한 두 숫자의 덧셈을 해보자. 사람은 손가락 열 개를 사용하므로 10진법이 편하다. 하지만 전기를 사용하면 들어왔을 때와 안 들어왔을 때, 이렇게 두 가지 상태가 가장 명확하므로 2진법이 적합하다. 전압이 높을 때를 1, 낮을 때를 0으로 해서 구성하는 것이다. 물론 이 상태를 여러 개로 만들어서 3진법이나 그 이상으로 만들어 사용하려는 연구도 이루어지고 있다(multi value logic). 그러나 상태가 많아질수록 각각의 상태를 구별하기가 어려워지며 에러의 확률도 높아지므로 대부분 2진법을 사용하고 있다.

5와 7의 덧셈을 해보자. 5는 2진법으로 표시하면 101이다. 2진법 101의 맨 앞의 1은 2^2자리, 0은 2^1자리, 마지막 1은 2^0자리이다. 7은 2진법으로 111이다. 2진법 101과 111의 덧셈을 해보자. 101의 가장 아래 자리인 2^0자리의 1과 111의 2^0자리의 1을 더하면 0이 남고 1이 2^1 자리로 올라간다. 2^1 자리에서는 101의 0과 111의 1 그리고 올라온 1이 더해져서 0이 남고 1이 2^2자리로 올라간다. 2^2자리에서 101의 1과 111의 1 그리고 올라온 1이 더해져서 1이 남고 1이 2^3자리로 올라간다. 그래서 답은 2진수 1100이 된다. 2진수 1100은 10진수 12이다.

$$\begin{array}{r} {}^{1\ 1\ 1}\ 101 \\ +\ 111 \\ \hline 1100 \end{array}$$
$$101 \rightarrow 5$$
$$111 \rightarrow 7$$
$$1100 \rightarrow 12$$

이것을 전자 장치로 계산하기 위해서는 각 자릿수의 덧셈으로 나누어서 생각해야 한다. 각 자릿수의 덧셈은 다음과 같은 진리표를 만들어 줄 수 있는 회로가 필요하다. C_{IN}은 아래 자리의 덧셈 결과 올라오는 수를 의미한다. $Carry_{OUT}$은 그 자릿수의 덧셈 결과 다음 자릿수로 올라가는 수를 의미하고 SUM은 그 자릿수에 남는 수를 말한다.

이 진리표의 출력에 있는 SUM은 부울대수로 표현하면 출력이

입력			출력	
A	B	C_{IN}	SUM	Carry$_{OUT}$
0	0	0	0	0
0	0	1	1	0
0	1	0	1	0
0	1	1	0	1
1	0	0	1	0
1	0	1	0	1
1	1	0	0	1
1	1	1	1	1

2진수 덧셈 진리표

1인 것들의 OR 이므로 $\left(\overline{A}\cdot\overline{B}\cdot C_{IN}\right)+\left(\overline{A}\cdot B\cdot\overline{C_{IN}}\right)+\left(A\cdot\overline{B}\cdot\overline{C_{IN}}\right)+(A\cdot B\cdot C_{IN})$로 되고 이것을 간단히 하면 배타적논리합 XOR(exclusive OR)을 사용하여 다시 쓰면 C_{IN} XOR(A XOR B)가 된다. XOR는 두 개가 같으면 0, 같지 않으면 1이 되는 논리연산자이다. Carry$_{OUT}$ 은 부울대수로 $\left(\overline{A}\cdot B\cdot C_{IN}\right)+\left(A\cdot\overline{B}\cdot C_{IN}\right)+\left(A\cdot B\cdot\overline{C_{IN}}\right)+(A\cdot B\cdot C_{IN})$이고 이것을 부울대수의 결합법칙, 분배법칙 등을 써서 간단히 하면 $A\cdot B+B\cdot C_{IN}+A\cdot C_{IN}$이 된다. 그래서 옆 페이지의 위와 같은 논리회로로 표현할 수 있다.

이와 같은 자릿수 덧셈의 진리표를 만족하는 논리 연산을 해주는 회로를 full adder라고 부른다. 이 full adder를 옆페이지 아래와 같이 직렬로 연결하면 매우 큰 자릿수의 덧셈도 할 수 있게 되는 것이다.

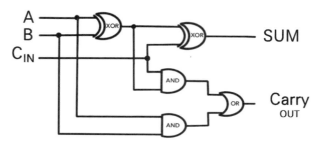

2진수 덧셈 (Full adder) 논리 회로

사칙 연산에서 덧셈이 가능하면 뺄셈도 가능하다. 음수를 처리하는 방법을 생각해서 음수를 더하면 뺄셈이 되는 것이다. 또 덧셈을 여러 번 반복하면 곱셈이 되고 나눗셈도 역수를 곱하는 방법으로 할 수 있다. 그러므로 이제부터는 스위치 소자를 갖고 AND, OR, NOT, XOR과 같은 논리 연산을 할 수 있게 구성한다면 모든 사칙 연산을 기계가 할 수 있는 것이다. AND, OR, NOT 등을 스위치 소자로 구성하는 방법에는 여러 가지가 있을

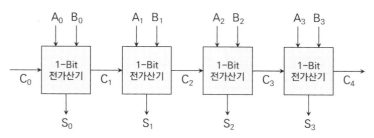

여러자리 덧셈은 Full adder 를 직렬로 붙이면 가능

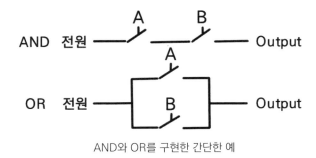

AND와 OR를 구현한 간단한 예

수 있다. 가장 간단한 예를 들면 위와 같이 AND와 OR를 만들 수 있다.

NOT을 표현하는 인버터는 다음에 다루기로 한다. 이렇게 부울 연산의 연산자를 구현하는 것은 각각 한 가지 방법만 있는 것은 아니고 다양한 방법으로 만들 수 있다. 어쨌거나 스위치 소자를 여러 개 연결하면 모든 논리 연산을 할 수 있고 사칙 연산도 가능하다. 스위치 소자를 많이 넣으면 많이 넣을수록 더 복잡하고 많은 일을 할 수 있는 것이다. 그렇게 되면 중요한 것은 어떻게 좋은 스위치 소자를 만드느냐가 된다.

처음 이 스위치 소자로 사용된 것은 이전에도 이야기하였던 진공관 소자였다. 진공관 소자는 증폭, 스위치, 정류 등 반도체 소자가 나오기 전까지 현재의 반도체 소자의 위치를 차지하고 있었다. 최초의 계산기도 바로 이 진공관을 이용한 스위치를 가지고 만들었다. 제2차 세계대전 동안 미사일의 발사 등 사람이 하

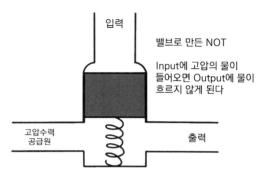

입력

밸브로 만든 NOT

Input에 고압의 물이
들어오면 Output에 물이
흐르지 않게 된다

고압수력
공급원

출력

물 수압 밸브로 만든 NOT 연산 회로를 구현한 예

기 오래 걸리는 계산을 수행하는 데 이 진공관을 이용한 계산기가 사용되었다.

사실 이러한 스위치 소자를 반드시 전기를 사용하는 전자 소자로 만들 필요는 없다. 위 그림에 나온 수압 밸브와 같은 기계적인 스위치를 사용해서도 만들 수 있다. 그러나 전기를 이용한 전자 소자가 속도 측면에서 기계적인 스위치에 비해 월등히 빠르고 소형화에도 유리하여 전자 소자를 이용하게 된 것이다.

최초의 컴퓨터로 알려진 ENIAC 또한 1945년 진공관 소자들을 이용해 만들어졌다. ENIAC은 본격적인 범용 컴퓨터는 아니었고 계산기와 비슷한 역할을 하였는데 이전까지 사람이 20시간이 걸리던 미사일의 궤도 계산을 30초 만에 해냈다. ENIAC은 계속 증보수를 거쳐 사용되었는데 마지막 해인 1956년에는 18,000개의

진공관 소자를 이용해서 만들어진 최초의 범용 컴퓨터 ENIAC

진공관으로 이루어졌다고 한다.

그러나 진공관은 앞에도 말한 바와 같이 전기의 소모가 매우 심했다. 필라델피아의 펜실베니아대학(University of Pennsylvania)에 있었던 ENIAC이 작동을 시작하면 온 필라델피아의 전등이 흐려졌을 정도라고 한다. 또 증폭기에서 말했던 바와 같이 진공관 소자는 사용 중에 망가지는 일도 많았다. 망가진 진공관 소자를 새것으로 갈아 끼우기 위해서 ENIAC은 수리공이 왔다 갔다 할 수 있는 통로가 있어야 했다. 그래서 ENIAC과 같은 초기의 계산기들은 넓은 공간이 필요했다. ENIAC도 50평이 넘는 방에 채워져 있었다.

이처럼 많은 스위치 소자가 계산과 제어 등을 위해 사용되어야 하므로 당연히 좀더 작고 전기를 많이 사용하지 않는 소자를 필요로 했다. 이러한 필요를 충족시켜준 것이 반도체 기반 트랜지스터였다. 트랜지스터는 신호 증폭을 위해 탄생하였지만 폭발적인 수요를 갖게 된 것은 바로 이 논리 연산을 위한 스위치 소자로서의 쓰임새 때문이었다.

컴퓨터의 탄생과
반도체 소자의 기여

컴퓨터의 발명 또한 반도체 소자의 발전에 큰 영향을 준 사건이다. 단순히 계산만을 수행하는 계산기와 달리 컴퓨터는 사람의 요구를 받아서 다양한 일을 수행하는 장치를 말한다. 1945년에 나왔던 ENIAC은 정해진 종류의 작업만을 수행할 수 있었다. 다른 종류의 작업을 하기 위해서는 논리 회로의 구성을 바꾸어야 했다. 소자를 연결하고 있던 전선들을 다시 배열하여 연결하는 과정이 필요했다. 이것은 매우 시간과 인력이 필요한 작업이므로 사람들은 컴퓨터의 구성(하드웨어)은 그냥 두고 소프트웨어만 바꾸어 다른 작업을 할 수 있는 '범용 컴퓨터'를 만들고 싶어 했다.

이와 같은 범용 컴퓨터는 어떻게 만들어졌을까? 범용 컴퓨터의 역사에서 빼놓을 수 없는 사람은 존 폰노이만(John von Neumann, 1903~1957)이다. 폰노이만은 1903년 헝가리에서 태어나 미국에서 활동한 수학자로 인류 최고의 천재를 논할 때 꼭 등장하는 사람 중 한 명이다. 게임이론의 정리, 맨해튼 프로젝트의 참가 등 많은 업적이 있었지만 그중에서 '폰노이만 아키텍처'라고 하는 '범용 컴퓨터'의 구조를 제안한 것도 빼놓을 수 없는 업적이다.

폰노이만은 1945년부터 1951년 사이 미국 뉴저지 주 프린스턴 고등연구소(IAS)에서 교수로 근무하였다. 그때 IAS 머신(IAS machine)이라는 초기 전자 컴퓨터의 개발에 참여하였다. 당시는

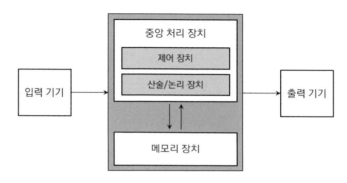

현재 컴퓨터를 구성하는 방식을 정한 폰노이만 아키텍쳐

컴퓨터라는 시스템을 처음으로 만들던 시절이었으므로 어떤 형태로 컴퓨터를 만들어야 하는지에 대한 논란이 분분하였다. 폰노이만은 이 프로젝트에서 본인이 1945년 제안한 폰노이만 아키텍처를 바탕으로 컴퓨터를 만들도록 감독하였다. 이 폰노이만 아키텍처는 이후에 나온 거의 모든 컴퓨터의 기본 구조가 되었으며 현재까지도 사용되고 있는 범용 컴퓨터의 표준이 되는 구조이다.

폰노이만 아키텍처는 위와 같이 CPU와 메모리로 나누어져 있으며 메모리에 명령어와 데이터를 함께 저장하는 구조로 표현된다. CPU는 컴퓨터 시스템을 통제하고 프로그램을 실행하고 처리하는 장치를 말한다. 컴퓨터 프로그램의 명령어를 해석하여 연산하고, 외부로 출력하는 역할을 한다. 컴퓨터의 모든 작동 과정은 이 CPU에 의해 제어된다.

CPU는 앞서 말한 것과 같은 논리 소자로 구성되어 있어서 많은 스위치 소자의 결합으로 만들어진다. 메모리는 CPU에서 사용할 프로그램과 데이터를 저장하는 곳이다. 모든 CPU는 메모리에 저장된 프로그램을 불러와서 실행한다. 그러므로 메모리에 저장된 프로그램만 바꾸어 주면 하드웨어의 변경없이 다른 작업을 할 수 있게 되는 것이다. CPU는 동작을 수행하기 위해 메모리의 데이터를 꺼내고, 해독하고, 실행하는 단계가 필요하다. 그 이후 발생한 데이터를 다시 메모리에 저장하거나 다음 명령어에 사용한다.

현재의 시각으로 봐서는 너무 당연한 구조이나 최초로 컴퓨터를 만들 때는 폰노이만 아키텍처와 함께 여러 다른 후보가 경쟁하였다. 그중에는 명령(프로그램)을 저장하는 메모리와 데이터를 저장하는 메모리를 분리해서 속도를 높힌 '하버드 아키텍처'도 있었다. 폰노이만 아키텍처는 프로그램의 명령어들을 메모리로부터 순서대로 불러와서 실행하고 결과를 다시 메모리의 값을 변경하는 형태로 진행되므로 CPU와 메모리 사이의 통로(BUS)에 병목이 일어나게 되는 단점이 있다. 그에 반해 하버드 아키텍처는 프로그램을 불러들이는 통로와 데이터를 저장하는 통로가 다르므로 병렬적으로 사용할 수 있어서 더 빠른 속도를 낼 수 있었다. 하지만 보다 많은 전기 회로가 필요하고 복잡하였으므로 폰

수은 지연 메모리

노이만 아키텍처가 경쟁에서 승리하여 범용 컴퓨터에 표준으로 사용되게 되었다.

어쨌든 이와 같이 컴퓨터의 기본 구조가 정해지자 회로를 설계해서 만들어야 하는 사람의 목표는 간결해졌다. 제어와 연산을 빠르게 할 수 있도록 빠른 CPU를 만들고 많은 프로그램과 데이터를 저장할 수 있도록 용량이 크고 빠른 메모리를 만들면 되는 것이다.

메모리는 정보를 저장해 놓는 장치이다. 정보를 2진수로 바꾸어서(문자들도 번호를 주어서 2진수로 바꿀 수 있다) 0과 1의 상태를 이용하여 저장시켜 놓는 저장 장치이다. 두 가지 명확한 상태를 안정적으로 가질 수 있다면 무엇이든 메모리가 될 수 있다. 높거나 낮은 물의 높이, 주판의 알이 내려가 있거나 올라가 있거나 같은 것들도 일종의 메모리이다. 다만 CPU를 전기적인 스위치를 갖고 만들어서 전기적인 출력이 나오고 전기적인 입력이 필요로 하므로 메모리도 전기적으로 정보가 입력되고 출력될 수 있는 것이어야 사용하는 데 편리할 것이다.

여러분은 반도체로 만들어진 메모리에 익숙할 것이다. 그러나 초기 컴퓨터에 사용되었던 메모리는 지금은 상상도 할 수 없는 재미있는 것이 많았다. 수은 지연 메모리(mercury delay line memory)라고 불리는 메모리도 있었는데 이것은 수은으로 채워진 튜브로 만들어졌다. 내부의 입력 단에 소리 파장을 만들고 받을 수 있는 transducer를 달아 놓았다. 이 transducer로 소리 파장을 만들어 수은 안으로 보내는 것이다. 반대쪽 출력 단에도 transducer가 달려 있었다. 그래서 소리 파장이 여기에 도달하면 파장을 전기 신호로 다시 바꾸어 준다. 이 전기 신호를 다시 입력 단에 넣어주어 계속 회전하는 방식으로 데이터를 저장하는 장치이다. 일정량의 다른 파형의 파장들이 계속 돌고 있는 수은이 들어간 튜브라고 생각하면 된다. 폰노이만 아키텍처의 초창기 컴퓨터 중 1949년 완성된 EDSAC과 1951년 완성된 EDVAC은 이 수은 지연 메모리를 사용했다고 한다. 이 두 컴퓨터는 각각 512단어와 1000단어를 기억할 수 있는 메모리를 갖고 있었다고 한다.

그 이외에도 전자를 한쪽 벽에 부딪히게 한 후 반대편의 변화

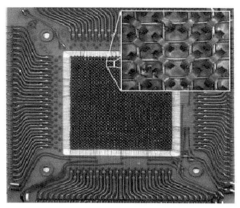

자기 코어 메모리

를 이용하는 '윌리엄 관'(Williams-Kilburn tube)이나 '셀렉트론 관' 과 같은 진공관을 이용한 메모리도 사용되었고 자기드럼(mag-netic drum)과 같은 자성 물질을 이용한 메모리도 사용되었다.

이러한 메모리들은 1951년 실용화되는 자기 코어(Magnetic Core) 메모리에 밀려 사라지게 된다. 중국계 미국인 An Wang은 작은 페라이트 자성체로 된 고리에 케이블이 통과하는 모양의 격자 구조를 만들어서 메모리로 사용하게 하였다. 마치 씨줄 날 줄과 같이 엮인 전기 케이블을 자성체 고리를 통과하도록 엮은 것이다. 전기 케이블에 전류를 흘려서 자기 유도를 이용하여 자 성체를 자화하는 방법으로 데이터를 저장하였다.

자기 코어 메모리는 이전의 메모리와는 달리 전기를 꺼도 데이터가 날아가지 않는 비휘발성(non-volatile) 메모리였다. 또 자성체 고리 코어를 많이 만들어 넣으면 넣을수록 용량을 높일 수 있었다. 그래서 자성체 고리를 작게 만들어서 많은 숫자를 넣어서 용량을 높이고 비싸게 팔기 위해 노력하였다. 이러한 작업은 현미경을 갖고 정밀한 수작업으로 제조를 해야 했고 노동 집약적인 산업일 수밖에 없었다. 그래서 당시 저렴한 노동력을 동원할 수 있었던 아시아에서 이루어졌다. 현재도 우리나라 같은 아시아 국가들이 반도체 메모리의 중심인 것을 생각해보면 흥미로운 우연이라고 할 수 있다. 이 자기 코어 메모리는 반도체를 이용한 메모리가 상용화되는 1970년대까지 가장 보편적인 기억 장치로 사용되었다.

반도체 소자를 사용한 메모리는 1961년 처음 개발되었다. 앞에서 언급했던 TI라는 회사에서 미 공군에서 사용할 안정된 메모리를 만들기 위해 개발되었다. 이때의 메모리는 bipolar 트랜지스터를 사용하였고 뒤에 소개하게 될 집적회로(Integrated Circuit, IC)로 만들어진 것은 아니었다. 집적회로 형태가 아니었으므로 크기를 작게 하는 데 어려움이 있었고 데이터가 전기를 끄면 지워지므로 기존의 자기 코어 메모리에 비해 큰 장점을 갖지 못했다. 그래서 처음에는 크게 각광을 받지 못하였으나 후에 집적회로 형태의 메모리가 나오면서 다시 주목을 받게 되었다. 1970년대에 들어서 소자 미세화가 진행되면서 자기 코어 메모리를 가격 경쟁력에서 앞서게 된다. 이후는 알다시피 대부분의 메모리는 반도체를 이용해 만들게 된다.

윌리엄 쇼클리와
실리콘밸리의 탄생

다시 시계를 돌려서 벨랩의 쇼클리, 바딘, 브래튼이 반도체 소자를 만들고 발표했던 1950년 초반으로 돌아가보자. 앞에서 말한 바와 같이 3인의 반도체 소자 공동 발명자 중 팀 리더였던 쇼클리는 가장 많은 스포트라이트를 받는 인물이 되었다. 사회의 거대한 변화를 가져온 발명품의 최초 발명자로 대중적인 스타가 되었다. 쇼클리에게 이 기술을 갖고 사업을 하자는 많은 투자 제안이 주변으로부터 들어왔다. 하지만 벨랩 내에서는 쇼클리가 본인이 하고 싶은 일을 마음대로 할 수 있는 위치는 아니었다. 원하는 일을 하기 위해서는 상사의 승인을 얻어야 하는 처지였다. 이미 스타가 되어서 높은 자존감을 갖고 있던 쇼클리는 이러한 상황에 만족할 수 없었다. 결국 1954년 겨울, 자신의 기술을 대량 생산할 회사를 스스로 만들기로 마음먹는다.

쇼클리는 북서부 캘리포니아의 팔로알토에서 자란 사람이었다. 그래서 본인이 새로운 사업을 시작하기 위해서 당시 하이테크 산업을 키우려고 하고 있는 캘리포니아로 돌아가기로 마음을 먹는다. 때마침 편찮으셨던 모친의 건강 상태도 이러한 결심을 하는 데 일조하였다. 쇼클리는 Beckman Instruments, Inc.로부터 투자를 받아서 자신의 이름을 딴 쇼클리반도체랩(Shockley Semiconductor laboratory)을 1956년 고향에 세웠다. 투자자인 Arnold Beckman은 쇼클리의 기술은 높이 샀지만 쇼클리의 경영자로서의 능력에는 의문을 갖고 있었다. 그렇지만 쇼클리의 기술이 다른 경쟁자에게 넘어가는 것은 꼭 막고 싶었다. 그래서 2년 내 대량 생산에 성공하는 것을 조건으로 투자를 결정하였다.

당시 모든 대규모 하이테크 산업은 뉴욕과 뉴저지 등 미국의 동부를 중심으로 이루어지고 있었다. 특히 반도체와 관련한 산업은 벨랩을 비롯한 동부의 회사들이 대부분이었다. 가족을 중시하는 미국 사람들에게는 일을 위해 다른 주로 이사하는 것은 매우 어려운 결정이다. 그러므로 캘리포니아에 신생 반도체 회사를 만들고 필요한 사람을 충분히 뽑는 것은 매우 힘든 일이었다. 더더군다나 기존에 벨랩에서 같이 일하던 사람들은 쇼클리의 괴팍한 성격을 알고 있으므로 같이 일하러 가는 것을 거부했다.

이순간 쇼클리의 대중적인 명성이 큰 힘을 발휘했다. 동부의 반도체 관련 회사에서 일하는 사람들이 캘리포니아로 가는 것을 거부하자 쇼클리는 2·30대의 젊은 연구자들로 새로운 팀을 만들기로 결심한다. 뉴욕의 신문들에 구인 광고를 냈다. 그와 동시에 전국의 대학과 회사에서 두각을 나타내고 있던 여러 분야의 젊은 연구자들을 직접 접촉하였다. 필요하다고 판단한 젊은 연구자들에게는 쇼클리가 직접 전화하여 같이 일하자고 한 것이다. 그렇게 쇼클리가 접촉하면 그와 같은 대스타가 직접 전화한 것에 감격하여 함께 일하기로 결심하곤 하였다.

이와 같은 방법으로 전기, 물리, 화학, 재료 등 다양한 방면에서 전 미국에서 촉망받던 젊은 엔지니어들을 리크루트했다. 그 중에는 후에 "실리콘밸리의 시장(the Mayor of Silicon Valley)"이라 불릴 정도로 반도체 산업의 큰 별이 되는 로버트 노이스(Robert Noyce)와 같은 청년도 있었다. 또 '무어의 법칙'으로 유명해지는 고든 무어(Gordon Moore)도 있었다. 이렇게 모인 전국의 젊은 두뇌들은 후에 이 지역에 새로운 여러 반도체 회사를 만들게 되고 동부를 제치고 반도체로 세계에서 가장 유명한 곳이 된다. 이것이 바로 그 유명한 실리콘밸리의 시작이다.

쇼클리반도체랩이 세워진 캘리포니아 북부의 마운틴뷰(Mountain view)는 원래 조용한 농촌 마을이었다. 애프리콧 복숭아와 같은 과일을 기르던 이 마을은 명문 스탠퍼드 대학이 있는 팔로알토와 이웃하고 있다. 캘리포니아는 스탠퍼드 대학의 우수한 교수진과 학생들을 중심으로 하이테크 사업을 일으키고자 계획하고 있었다. 이 계획은 1939년 스탠퍼드 대학교의 전기공학과 교수인 프레드릭 터먼(Frederick Terman)이 졸업생 윌리엄 휴렛(William Hewlett)과 데이비드 팩커드(David Packard)에게 창업을 권유하며 시작되었다. 이렇게 팔로알토의 한 차고에서 자신들의 이름을 따서 만들어진 휴렛팩커드(HP)는 오디오 발진기를 만들었고 제2차 세계대전을 거치면서 군수 산업에 필요한 전자 소자들을 만들면서 성장하게 된다.

이렇게 조금씩 북캘리포니아에 하이테크 산업이 성장해가던 1956년, 고향으로 돌아온 쇼클리는 캘리포니아 최초의 반도체 회사를 만든다. 그리고 그때 불러 모았던 사람들이 쇼클리반도체 랩을 나와서 다른 많은 반도체 회사를 만들며 실리콘밸리의 전설이 시작된다. 그래서 사람들은 쇼클리를 '실리콘밸리에 실리콘을 가져온 사람'이라고 부른다.

회사를 세운 것과 같은 해인 1956년 쇼클리는 노벨상을 받았다. 트랜지스터를 발명한 공로로 존 바딘, 월터 브래튼과 함께 노벨물리학상 수상자로 선정된 것이다. 노벨상까지 받게 된 쇼클리의 대중적인 인기는 절정을 맞이한다. 그러나 이와 함께 성격도 점점 더 독선적으로 변해간다. 자신이 최고 책임자인 회사에서 쇼클리의 점점 오만하고 괴상한 성격을 막아줄 수 있는 사람은 없었다.

제2차 세계대전 때 해군에서 나치의 잠수함을 잡는 레이더를 연구했던 쇼클리는 회사 경영도 적을 상대하는 것과 같이 하였다. 하루는 회사 내의 모든 것이 과학적이고 투명해야 한다며 모든 직원의 월급을 게시하여 오픈하기까지 했다. 사생활을 중시하는 미국 사회에서는 상상도 할 수 없는 일이었다. 또 평생 보디 빌딩과 암벽 등반을 하면서 자신의 사소한 신체 변화까지 모두 기록을 할 정도로 세세한 것까지 신경을 쓰는 쇼클리는 그러한 편집증적인 행태를 자신의 부하 직원들에게도 보였다. 또, 어느 날은 자신의 비서가 엄지손가락을 살짝 다쳤는데 쇼클리는 이것이 자기를 독살하려는 시도였다고 주장하면서 전 직원이 거짓말 탐지기 검사를 받아야 한다고 주장하기도 하였다.

쇼클리반도체랩에 모여들었던 젊고 유능했던 연구원들이 쇼클리의 이러한 괴상한 행동과 경영 행태에 질리는 데는 단 1년이면 충분했다. 전국에서 또래들보다 두각을 나타내서 스카우트되어 온 직원들이기에 이러한 행태를 참고 다닐 만큼 다른 선택지가 없는 것도 아니었다. 결국 쇼클리반도체랩에 모여들었던 젊고 유능했던 연구원들은 더 이상 쇼클리와 같이 일하기가 힘들다고 생각하게 된다. 쇼클리는 실리콘밸리의 최초 창립자이자 최악의 실패자가 되어가고 있었다.

회사를 그만두고 떠나는 사람이 생기는 가운데 일부는 다른 해결책을 찾아나섰다. 고든 무어는 회사의 투자자인 벡맨을 찾아가서 쇼클리를 경영에서 제외할 것을 설득하였다. 그러나 벡맨은 이 제안을 거부하였다. 회사의 키 멤버였던 Julius Blank, Victor Grinich, Jean Hoerni, Eugene Kleiner, Jay Last, 고든 무어, Sheldon Roberts 등은 쇼클리반도체랩을 떠나기로 마음먹었다. 그들은 함께 다른 투자자를 찾아서 자신들의 회사를 만들자고 계획을 하

8인의 배신자와 이들이 다같이 의지를 다지며 서명한 1달러 지폐

였다.

마지막 순간 이 모임에 로버트 노이스가 참가하게 되었다. 로버트 노이스는 쇼클리가 매우 신뢰하고 있던 사람으로 그의 참여는 쇼클리에게 큰 배신감을 안겨주었다. 이렇게 모인 8인은 Clift Hotel 호텔에 모여 1달러 지폐에 각자의 사인을 하며 새로운 회사를 만들기로 결의를 다진다. 이 모임은 실리콘밸리의 시작과 거대 반도체 산업의 출발을 알리는 상징적인 미팅이었다. 이들은 이 당시 모두 26세에서 33세 사이의 젊고 패기 넘치는 사람들이었다.

동부가 반도체의 중심인 상황에서 서부를 베이스로 하고 있는 젊은이들이 투자를 받는 것은 쉽지 않았다. 많은 사람과의 접촉 끝에 1957년 8월 Fairchild Aircraft와 Fairchild Camera를 만든 동부의 사업가인 셔먼 페어차일드(Sherman Fairchild)를 만나 투자 약속을 이끌어낸다. 투자가 결정되자 이들 8인은 쇼클리에게 사직을 통보하고 1957년 9월 18일 쇼클리반도체랩을 떠난다. 쇼클리 반도체랩이 생긴 지 1년 반 정도 지난 때였다. 쇼클리는 그들을 배신자들(Traitorous eight)이라고 부르며 분노했고 특히 로버트 노이스의 배신을 용납할 수 없었다. 이렇게 중요한 직원들을 떠나보낸 쇼클리는 새로운 팀을 구성하고 우수한 제품을 개발하여 자신을 떠나간 8인의 배신자에게 복수하려고 하였다. 그러나 이러한 시도는 성공을 못하였고 쇼클리반도체랩은 다른 회사에 팔려서 없어지는 신세가 된다.

반면 쇼클리를 떠난 8인은 1957년 11월 새로운 건물로 이사를 하며 페어차일드반도체사를 만들었다. 그들은 실리콘을 이용한 트랜지스터 어래이(Array)를 만들어서 논리 연산을 하는 로직 소자 제품을 만들겠다는 명확한 목표를 설정하였다. 로버트 노이스와 고든 무어는 각각 연구와 생산을 책임지기로 하였다. 이 패기 넘치는 젊은이들은 1년도 안 걸려서 bipolar junction 트랜지스터를 높은 수율로 대량 생산에 성공한다. 이 성공으로 페어차일드반도체사는 일약 업계 최고 기업의 하나가 된다. 냉전 시대의 군수용 반도체 수요는 이 당시 주요 개발 동력이었는데 페어차일드반도체사는 군수용의 어려운 요구 조건을 만족시키며 놀랄 정도로 쉽게 자리를 잡아갔다.

이렇게 빠른 성공을 이루고 큰 돈을 벌게 되자 1959년 투자자인 셔먼 페어차일드는 바보같은 선택을 하게 된다. 처음 '8인의 배신자'와 맺었던 계약에 있던 바이백(Buy back) 옵션을 행사하여 그들에게 주었던 주식을 다시 사들인 것이다. '8인의 배신자'는 비록 돈은 벌게되었지만 그때부터는 파트너가 아닌 단순 고용인이 된 것이다. 주식을 팔아서 금전적으로는 아쉬울 게 없었던 '8인의 배신자'는 이 상황에서 각자의 길을 가게 된다. 페어차일드 반도체사로부터 인정을 받고 있던 4인(Blank, Grinich, 무어 and 노이스)은 그냥 페어차일드반도체사에 남고 그렇지 않았던 4인(Last, Hoerni, Kleiner and Roberts)은 Teledyne의 자회사로 옮기게 된다.

1960년대는 우주 개발 경쟁이 치열한 시기였다. 1961년 5월 25일 미국의 케네디 대통령은 아폴로 계획을 선포했다. 1960년대가 끝나기 전에 인간을 달에 착륙시킨 후 지구로 무사히 귀환시키는 것을 목표로 한 아폴로 프로그램은 고성능의 컴퓨터를 필요로 하였다. 페어차일드반도체사도 이 컴퓨터에 사용될 컴퓨터의 칩을 만들었다. 이 시기 반도체 역사에 남는 중요한 기술의 개발도 이루어지는데 그것은 실리콘 웨이퍼를 이용하여 평면 트랜지스터를 만드는 평면(planar) 공정 기술이었다. 이 기술은 후에 집적회로를 만드는 데 사용되며 반도체 산업을 다른 단계로 도약시키는 데 일조를 하게 되나 이때만 해도 이 개발의 놀라운 잠재력을 깨닫지 못했다.

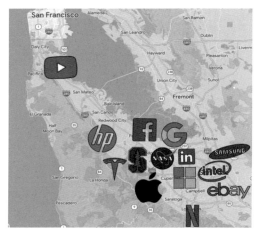

미국 캘리포니아의 실리콘밸리와 그 곳에 위치하고 있는 회사들

1960년대 초반 페어차일드반도체사는 승승장구하며 기술적으로나 시장 점유율이나 최고의 위치에 서게 되었다. 그러나 1965년을 지나며 경영상의 문제가 나타나기 시작한다. 새롭게 라이벌로 떠오른 Texas instruments에 따라잡히며 회사의 수익이 급격히 줄어들기 시작한 것이다. 엎친 데 덮친 격으로 1967년 노이스가 주주와의 분쟁으로 경영진에서 물러나게 되었다.

노이스와 무어는 페어차일드와의 동업에 회의를 느끼며 페어차일드와 결별하기로 마음을 먹는다. 9년 전 쇼클리반도체랩을 나와서 페어차일드반도체사로 갈 때 도움을 주었던 아서 락(Arthur Rock)에게 찾아가서 새로운 회사를 세우겠다는 계획을 설명하며 다시 도움을 줄 것을 요청했다. 이렇게 의기투합한 노이스와 무어, 락은 페어차일드반도체사를 나와서 1968년 여름 새로운 회사를 세우는데 이 회사가 바로 명실상부 반도체 최강의 자리를 50년간 유지하게 될 인텔(Intel)이다(당시 이름은 NM semiconductor). 헤어졌던 '8인의 배신자'의 나머지 6인도 투자자로 이 회사에 참여하게 된다.

이렇게 '8인의 배신자'와 그들과 함께 페어차일드반도체사에 근무했던 사람들은 회사의 성공을 통해 어마어마한 부를 얻게 되었다. 또 그들의 경험과 돈은 다시 새로운 벤처 회사의 출현으로 이어져서 또 다른 많은 젊은이의 성공을 가져왔다. 이와 같은 선순환은 실리콘밸리의 문화가 되었다. 이로 인해 현재까지도 똑똑하고 패기 넘치는 젊은이들이 새로운 아이디어로 스타트업(start-up)을 만들고 성공하여 억만장자가 되는 도전의 문화를 만들었다.

집적 소자의 탄생

실리콘밸리가 쇼클리에 의해 시작되고 노이스와 무어에 의해 커나가고 있을 때 반도체 역사의 또 다른 주역이 되는 회사가 텍사스에서 시작되고 있었다. 텍사스인스투르먼츠(Texas instruments, TI)가 텍사스의 달라스에서 반도체 산업을 시작한 것이다. TI는 텍사스의 주요 산업이었던 석유 산업에 지진 관련 정보를 제공해주던 회사로 1930년 시작한 Geophysical Service Inc(GSI)를 기원으로 한다. GSI는 제2차 세계대전을 거치며 미국 육군과 해군의 군 장비에 필요한 전자 제품을 만들어 납품하게 된다. GSI는 이러한 제품을 만드는 부서를 분리하여 TI로 이름을 바꾸고 지진 측정과 방위산업용 전자 제품을 만들도록 하였다.

벨랩에서 반도체 소자가 처음 발명된 후 1950년대 미국 전역에서는 이 반도체 소자를 갖고 새로운 전자 제품을 만드는 붐이 일어나고 있었다. TI도 반도체 소자 생산에 뛰어들었다. 1952년 AT&T 벨랩의 특허 실시권을 25,000불에 받아서 Ge 트랜지스터를 만들기 시작했다. 2년이 지난 1954년 TI로 부터 충격적인 발표가 나온다. TI의 소자 개발을 총괄하고 있던 고든 틸(Gordon Teal)이 벨랩을 제치고 Si 반도체 트랜지스터를 세계 최초로 생산하였다고 선언한 것이다. Ge는 소자를 만드는 데 많은 장점을 갖고 있다. 높은 전하이동도로 Si에 대비하여 더 큰 전류를 흐르게 할 수 있다. 그러나 Si에 비해 작은 밴드 갭은 온도가 올라가면 너무 많은 전하 캐리어를 만들어 내서 전기전도도를 높인다. 반도체 소자는 인위적으로 전기전도도를 조절하는 방법으로 작동을 한다. 대부분 전기장으로 에너지를 주어 전기전도도를 조절하는 방법을 사용한다. 온도는 조절하기 쉽지 않은 방법으로 반도체 소자를 제어하는데 거의 사용하지 않는다. 게다가 반도체 소자에 전기가 흐르면 전력 소모에 의해서 온도가 올라가게 되므로 더더욱 적합한 방법이 아니다. 그런데 Ge의 작은 에너지 밴드 갭은 온도가 조금만 올라도 많은 전하 캐리어를 만들어낸다. 그래서 75℃ 이상에서는 소자를 끄려고 전기장을 가해도 전류가 계속 많이 흘러서 사용을 할 수가 없게 된다. 그래서 에너지 밴드 갭이 커서 보다 안정적으로 작동을 하는 Si을 이용해서 트랜지스터를 만드려는 시도를 모든 회사가 하고 있었다.

그러나 Si를 이용한 소자는 Ge를 이용한 소자에 비해 만들기가 매우 어렵다. 녹는 점도 Ge에 비해서 높아서 순수한 Si를 기르기도 쉽지 않고 또 소자 제작도 훨씬 고온에서 이루어져야 하기 때문이다. 특히 Si 반도체 트랜지스터를 만들기 위해서는 Si를 p타입과 n타입으로 도핑을 하여야 한다. 이 기술은 매우 고온에서 이루어져야 하므로 상당히 어려운 것이었는데 사실 벨랩에서 먼저 개발이 되었다. 이것을 개발한 사람은 바로 TI에서 Si 트랜지스터 개발을 총괄했던 고든 틸이었다. 틸은 벨랩에서 근무하다

개별 소자(discrete devices)

가 1953년 TI로 옮겼는데 그가 벨랩에서 근무할 때 개발한 것이다. 틸은 3족과 5족 물질을 Si과 함께 녹여서 결정을 성장하는 방법(뒷 단원에서 더 자세히 소개)으로 pn 접합을 만들었다.

텍사스가 고향이었던 틸은 벨랩에서 승승장구하고 있었지만 동부의 분위기에 힘들어 하였다. 그러던 차에 고향에 새로 생긴 회사로부터 더 높은 직위로 스카우트 제의가 들어온 것이다. 1953년 텍사스로 돌아온 틸은 1년 만에 자신의 기술을 이용하여 Si 트랜지스터를 만들어내는데 성공을 했다. 이 TI의 Si 반도체 트랜지스터의 최초 개발은 반도체 소자의 주도권이 벨랩을 떠났다는 것을 의미한다. TI는 이 Si 트랜지스터를 이용한 라디오를 시장에 선보였다. TI는 잇따른 성공으로 1950년대 후반에 들어서며 반도체 소자 산업의 선두 주자였던 캘리포니아의 페어차일드반도체사와 함께 반도체를 이끄는 두 회사로 성장을 한다.

이 무렵 반도체 소자 역사를 완전히 뒤집어 놓을 한 명의 공학자가 TI에 입사했는데 그는 잭 킬비(Jack Kilby)였다. 1950년 위스콘신 메디슨 대학(University of Wisconsin at Madison)에서 전기공학 석사를 마친 킬비는 다른 회사에서 일하다가 1958년 TI에 들어오게 된다. 이 당시에 반도체 트랜지스터는 여러 가지 가전 제품에 많이 쓰이고 있었다. 그중에서도 앞에 언급한 컴퓨터의 스위치 소자로 많은 수가 들어가야 했다. 이 당시의 트랜지스터는 진공관 소자와 같이 하나하나 별개로 쓰이도록 만들어진 개별 소자(discrete device)였다.

아래 그림은 개별 소자로 만들어진 트랜지스터 컴퓨터의 모습이다. 진공관 소자를 단순히 반도체 트랜지스터 소자로 대체하여 만든 것이다. 수많은 개별 트랜지스터 소자를 전선으로 연결

개별 소자 트랜지스터로 만들어진 컴퓨터

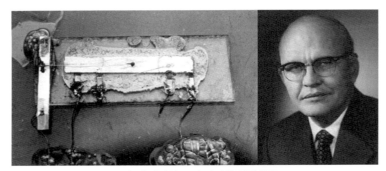

TI의 잭 킬비와 그가 발명한 집적회로

하여 만든 것을 알 수 있다. 이처럼 각종 로직 회로를 위해서 많은 수의 트랜지스터를 연결하여 회로를 구성해야 했으므로 이 많은 트랜지스터를 서로 전선으로 연결하는 배선작업이 골치였다. 트랜지스터는 적어도 세 개의 극(terminal)을 갖고 있었으므로 트랜지스터 100개만 연결하더라도 수백 개의 배선이 있어야 했다. 배선의 접합된 부분 중 하나라도 문제가 생긴다면 회로는 똑바로 작동하지 않을 것이다. 또한 잘못된 부분을 찾아내는 데도 많은 노력과 시간이 들 수밖에 없었다. 이런 수고를 덜기 위해서 배선을 보다 간단하고 문제가 덜 생기는 방법으로 만들어야 한다는 요구가 나오고 있었다.

1958년 입사 첫해 텍사스의 뜨거운 여름이 왔다. 대부분의 사원은 여름 휴가를 떠났으나 킬비는 그럴 수 없었다. 신입 사원이어서 연차 휴가가 없었던 것이다. 킬비는 더운 여름 혼자 사무실에 나와서 이 배선 문제를 해결할 쉬운 해결책을 생각하게 된다. 평면 Germanium 위에 트랜지스터, capacitor, resistor elements 등 여러 가지 단위 소자를 배치해서 만들고 이 소자들을 금으로 만든 선으로 연결하여 한 덩어리로 된 제조 방법을 고안해 낸 것이다. 킬비는 이 기술을 발전시켜서 같은 해 9월 실제로 시연하였다. 증폭기 등 여러 가지 응용 제품을 한 덩어리로 칩으로 만드는 것이 가능하다는 것을 보인 것이다.

이것이 바로 최초의 집적회로였다. 이때의 배선은 평면에 만들어진 각각의 단위 소자를 금 와이어를 갖고 연결하였다. TI는 이 기술이 반도체 소자의 생산 및 사용을 매우 편리하게 할 수 있을 것이라 판단하고 기술을 개발하여 제품을 생산하게 된다.

같은 시기 캘리포니아에서도 비슷한 생각으로 기술을 개발하는 사람이 있었다. 바로 '실리콘밸리의 시장' 페어차일드반도체사의 로버트 노이스였다. 노이스는 이전에 언급한 적이 있는 평면 소자 공정 기술(8인의 배신자의 일원이었던 Hoerni가 개발)에 주목하였다. 이전처럼 입체 형태의 트랜지스터를 만든 후 트랜지스터가 노출된 상태로 연결하는 것이 아니고 트랜지스터를 만들고 산화막을 위에 남겨놔서 트랜지스터를 보호하는 기술이었다. 당시만 해도 산화막 형성 공정이 좋지 못하여 남겨진 산화막이 트랜지스터를 오염시켜서 망가뜨리므로 금기시되는 일이었다.

페어차일드반도체사의 로버트 노이스와 그가 발명한 집적회로

그러나 기술의 발전과 함께 좋은 산화막을 형성하는 것이 가능해졌다. 이렇게 산화막으로 트랜지스터를 덮으면 소자의 표면이 편평하게 된다. 노이스는 이 인정받지 못했던 평면 소자 공정 기술의 편평한 면에 주목하였다. 다이오드, 트랜지스터, 레지스터, 축전기 등의 단위 소자를 실리콘 위에 만들고 그 소자를 산화막으로 덮은 후 그 편평한 산화막 위에 금속을 증착하고 식각하여 배선을 만드는 것이다. 이런 방법으로 배선을 만들어서 연결하여 집적 소자(Integrated Circuit, IC)를 만드는 방법을 고안했다. 이는 현대적 의미의 집적 소자 공정의 시작이었다. 이로써 위에 널려져 있는 연결선들을 없애서 깔끔한 칩(monolithic chip)이 가능해졌다. 노이스는 이 아이디어를 1959년 7월 특허를 출원하고 1960년 실제로 구현해냈다.

이 평면 소자 공정을 이용한 집적회로 제조 기술의 가치는 반

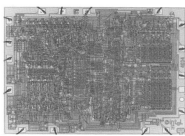

최초의 상업용 집적회로 CPU Intel 4004와 설계도

도체 소자를 만든 것에 비견할 만큼 높게 평가해야 한다. 단일 집적회로 공정이 가능해지며 전자 산업은 또 하나의 새로운 시대로 들어가게 된다. 당시의 두 거인도 이 발명이 가져올 새로운 세계를 상상하지 못했을 것이다. 현대 전자 산업의 눈부신 발전은 바로 이 장면에서 출발했다고 해도 과언이 아니다.

앞 단원에서 이야기하였던 최초의 컴퓨터 ENIAC는 50평 정도의 방을 차지하고 있었다. 그러나 1971년 출시된 최초의 상업용 집적회로 CPU인 Intel 4004는 ENIAC보다 17배 정도 빠른 성능이었지만 손톱만한 크기로 출시되었다. 총 2,300개의 트랜지스터가 평면에 집적되어 연결된 Intel 4004는 1W 정도의 전력을 소모하였다. 174,000W를 소모하던 ENIAC와 비교하면 상상도 할 수 없을 만큼 적은 파워를 쓰는 것이다.

진공관 소자이든 반도체 소자이든 개별 소자를 연결하여 만들면 배선을 위해서 너무 작게 만들 수 없다. 그리고 배선이 들어갈 공간이 필요했다. 또 소자나 배선이 잘못되었을 때 그것을 수리하기 위해서 수리공이 다닐 복도도 필요했다. 그래서 그렇게 넓은 공간이 필요한 것이다. 그러나 집적 소자로 만드는 경우는 제대로 제조되었다면 이후에 소자나 배선이 잘못될 경우가 매우 적다. 또한 잘못된 경우에는 칩을 통째로 갈면 되므로 소자나 배선의 수리가 필요 없다. 그리고 배선을 위해서 소자를 크게 만들 필요도 없으므로 가능한 최소로 작게 만들 수 있어서 이와 같은 소형화가 가능한 것이다.

트랜지스터와 같은 소자 하나하나가 사용하는 전력도 이전의 개별 소자들보다 적어졌지만 배선의 길이가 짧아지면서 줄어든 전력도 매우 크다. 전력은 전압과 전류의 곱이다($P=IV$). 전류는 전압을 저항으로 나누어 준 것($I=V/R$)이고 저항은 전선의 길이에 비례하므로 전력은 전선의 길이에 반비례한다. 개별 칩을 연결하는 배선은 적어도 수 cm가 되므로 당시 칩 내에서 연결하는 배선 길이인 수백 μm~수 mm와 비교하면 매우 큰 전력이 소모될 것임을 알 수 있다.

부피와 소모 전력이 획기적으로 작아지면서 이전에는 상상도 하지 못했던 제품들의 출현도 가능해졌다. 과거에 컴퓨터는 회사나 연구소 등에서만 쓸 수 있는 기업용 제품이었다. 그러나 집적

회로가 나오면서 일반 가정에서도 갖고 있을 수 있는 크기로 되었고 전력 소모도 감당할 수 있는 수준이 된 것이다. 그래서 컴퓨터가 기업용 장비가 아닌 개인들이 사용하는 가전제품이 된 것이다. 이렇게 집적회로의 탄생은 개인용 컴퓨터의 시대를 여는 초석이 되었다. 반대로 개인용 컴퓨터의 탄생은 집적 반도체 소자의 수요를 엄청나게 크게 만드는 선순환이 이루어지며 전자 산업을 더욱 크게 만들게 된다.

집적 회로가 만들어지며 소자는 평면 소자 공정을 이용한 생산을 하게 된다. 반도체 웨이퍼 위에 많은 수의 단위 소자를 그려 넣고 증착과 식각 등을 통해 만드는 것이다. 이러한 현대적인 반도체 집적 공정의 특징은 한 웨이퍼를 처리하는 데 드는 비용이 그 안에 그려진 소자의 수에 거의 영향을 받지 않고 비슷하다는 점이다. 즉, 웨이퍼 위에 단위 소자 한 개를 그려 넣고 만드는 것이나 단위 소자 1,000개를 넣고 만드는 것이나 비슷한 비용이 든다. 그러나 한 개당 만드는 비용을 비교하면 1,000개를 만들면 1개를 만들 때와 비교하여 1/1,000이 되므로 회사로 봐서는 굉장한 원가 절감이 되는 것이다. 그러므로 평면 공정에 의한 집적 소자의 시대에는 트랜지스터와 같은 단위 소자를 작게 만들어 같은 면적에 더 많이 넣는 것이 회사가 더 많은 돈을 벌 수 있는 길이 되었다.

소자 크기를 작게 만드는 것은 회사에만 유리한 것이 아니다. 뒤에서 더 이야기하겠지만 더 작은 사이즈로 만들수록 더 성능이 좋은 칩이 된다. 성능이 좋은 칩은 소비자를 기쁘게 하므로 스케일링(Scaling)이라 불리는 소자 미세화는 회사와 고객을 모두 만족시키는 길이다. 그러므로 이때부터는 소자를 작게 만드는데 총력을 다하는 시대가 되었다.

집적회로를 가장 많이 사용한 전자 제품은 컴퓨터이다. 컴퓨터에 사용되는 CPU나 메모리를 만드는데 집적회로가 큰 역할을 하였다. CPU와 같은 논리 회로들은 우리의 두뇌가 할 수 있는 여러 가지 논리 연산, 그리고 덧셈과 뺄셈, 나눗셈, 곱셈 등의 수리 연산들을 해야 한다. 앞에서 말했듯이 이러한 연산들은 스위치 소자를 이용한 회로로 구현이 가능하다. 필요한 연산들의 숫자가 많아지다 보니 사용되는 스위치 소자의 숫자도 기하급수적으로 늘어갔다.

이렇게 스위치 소자 숫자를 기하급수적으로 증가시키는 것을 가능하게 한 것이 집적회로였다. 같은 면적에 더 작게 소자를 만듦으로써 더 많은 트랜지스터를 넣을 수 있었다. 그래서 더 많은 역할을 더 빨리 수행할 수 있고 더 좋은 칩을 만들 수 있었다. 메모리 역시 더 많은 정보를 저장하기 위해서는 집적하는 메모리 셀의 숫자를 늘려야 했다. 소자 미세화를 통해서 메모리 셀의 크기를 줄여서 더욱 많은 숫자의 메모리 셀을 같은 면적에 넣을 수 있었던 것이다.

이러한 소자 미세화는 지금까지 60여 년 간 진행되었다. 그 결과 2021년 현재 손톱만한 크기의 칩에 약 500억 개의 트랜지스터가 들어가 있다. 반도체 소자가 처음 만들어졌을 때 손톱만한 트랜지스터 크기를 생각해보면 상상도 할 수 없을 정도의 수준이다.

로버트 노이스는 잭 킬비와 함께 집적회로를 최초로 만든 공동 발명가로 공인을 받는다. 그러나 2000년 집적회로를 발명한 공로로 선정된 노벨물리학상은 잭 킬비 혼자 받게 된다. 그 이유는 로버트 노이스가 1990년 사망하였기 때문이다. 노벨상은 살아 있는 사람에게만 수여되므로 오래 살아야만 받을 수 있다. 노벨상이 장수상이라고 불리는 이유이다.

'무어의 법칙'과 MOSFET

집적회로의 출현 이후 반도체 산업은 단위 소자 크기를 작게 만들어 집적도를 높이는 소자 미세화(스케일링, scaling)의 시대에 들어가게 된다. 지금 현재도 이 소자 미세화는 계속 진행되고 있으니 60년이 넘게 계속되고 있는 셈이다. 로버트 노이스와 함께 인텔을 창업한 고든 무어는 뛰어난 연구자이기도 했지만 아주 훌륭한 경영자였다.

1965년 페어차일드반도체사의 R&D 수장이었던 고든 무어는 한 과학잡지(Electronics)로부터 기고 요청을 받는다. 고든 무어는 기고한 논문에서 당시까지 집적회로 칩 한 개당 들어있는 트랜지스터의 숫자를 세어본 후 그것을 연도별로 나열하여 그래프를 그렸다. 그래프에서 제품으로 나온 집적회로 칩 한 개당 트랜지스터의 숫자가 1년마다 두 배가 되는 것을 발견하였다. 무어는 이러한 기하급수적 증가 추세가 적어도 10년 이상 지속될 것이라고 예측하였다. 그래서 결과적으로 1975년 65,000개의 단위 소자가 집적회로 칩에 들어갈 것으로 예상하였다. 이 추세가 지속될 수밖에 없는 이유에 대해 무어는 비용을 줄여서 더 많은 이윤을 내고자 하는 회사의 욕망이 있기 때문이라고 설명하였다. 이것이 그 유명한 '무어의 법칙'이다.

사람들의 인식과는 달리 '무어의 법칙'은 실제로 반도체의 미래를 정확히 예측하지는 못했다. 생각보다 고집적을 위한 기술적

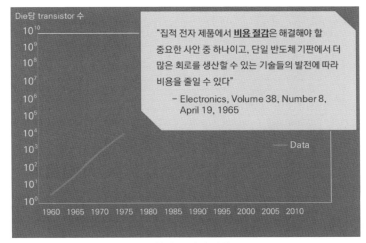

초창기 무어의 법칙

어려움이 컸기 때문이다. 1976년 출시한 Intel 8080 CPU의 트랜지스터 숫자는 최초 '무어의 법칙'의 예상보다 상당히 적은 6,500개에 불과했다.

1975년 무어는 1년이 아닌 2년마다 집적회로 칩 한 개당 트랜지스터의 숫자가 두 배가 되는 것으로 '무어의 법칙'을 수정한다. 이것이 우리가 알고 있는 현재의 '무어의 법칙'이다. 이후 반도체 산업에서 '무어의 법칙'은 미래를 예측하는 용도가 아니고 오히려 반도체 소자를 발전시킬 공동 목표를 상징하게 되었다. 2년 후에도 이 추세를 만족시키기 위해서 무엇이 필요한가를 모든 반도체 연구자가 함께 생각하도록 하는 나침반이 된 것이다. 앞으로 필

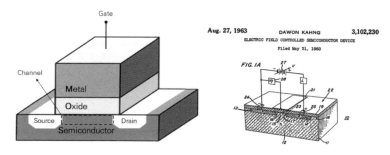

MOSFET 구조와 벨랩 강대원 박사의 특허

요한 기술을 부문, 부문별로 나누어서 찾고 개발하는 일을 체계
적으로 진행하게 되었다.

이 '무어의 법칙'이 계속 유효하게 지켜져 나가는 데 가장 큰 기
여를 한 연구가 있었다. 이 연구는 '무어의 법칙'이 발표되기 전
이었던 1959년 이루어졌는데 자랑스럽게도 한 한국인의 연구 결
과였다. 벨랩에 근무하던 강대원 박사(1931~1992)가 연구 개발
한 MOSFET(Metal-Oxide-Semiconductor Field Effect Transistor)이
라는 트랜지스터 소자 구조가 그것이다. MOSFET은 금속(Metal)
과 산화물(Oxide)을 반도체(Semiconductor) 위에 올린 MOS 구조
를 이용한다. 금속 게이트에 전압을 걸어서 반도체에 걸리는 전
기장을 조절하여 반도체의 상태를 바꾸는 것이다. 가운데 반도
체를 채널이라고 하고 그 양 끝에 있는 반대 타입의 반도체를 소
스(전하 캐리어가 나가는 쪽)와 드레인(전하 캐리어가 들어가는 쪽)이라

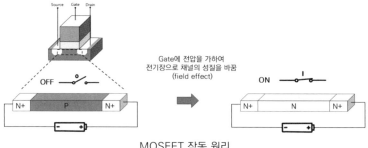

MOSFET 작동 원리

고 부른다. 반도체 채널의 전기장을 바꿔서 전류의 흐름을 조절하므로 전계효과(Field Effect) 트랜지스터라고 부르는 것이다.

반도체 n형과 p형 그리고 n형을 직렬로 나란히 연결하면 전기가 흐르지 않는다. 그 이유는 어떻게 전기를 연결하든지 n형에 +가 걸리는 쪽에서 n형과 p형 사이에 전기가 흐르지 않는 역전압(Reverse bias)이 걸리기 때문이다.

그런데 중간에 있는 p형 반도체 위에 산화막을 올리고 금속 전극을 올리는 MOS를 만든 후 금속 전극에 강한 양전압을 걸어주면 재미있는 일이 벌어진다. 반도체 쪽에는 음전하를 띤 전하 캐리어가 와야 하나 p형 반도체에는 움직일 수 있는 전자 캐리어가 없으므로 올 수 없다. 그래서 음전하를 만들기 위해 움직일 수 있는 홀 캐리어가 뒤로 물러나면서 p형 반도체에 있는 도핑 이온들(예를 들면 B+)이 나오게 하는 것이다. 이것을 움직일 수 있는 전

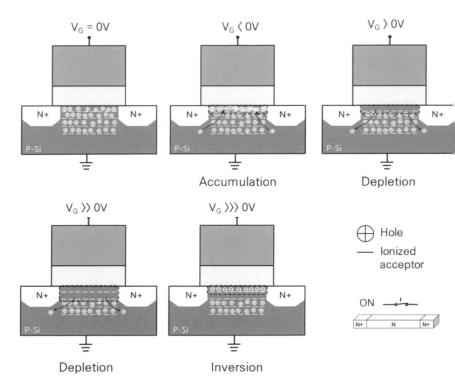

MOS의 Accumulation, depletion, inversion 등 MOSFET의 작동 원리

하 캐리어를 없앤다고 하여 depletion이라고 부른다.

이것보다 더 큰 전압을 가하게 되면 마치 일제의 강압 통치에 맞서 3·1운동이 일어나듯 p형 반도체에서 전자가 나타나게 된다. 이렇게 p형에서 n형과 같이 전자가 나온다고 하여 inversion이라고 한다. 이렇게 inversion이 일어나면 n형-p형-n형으로 전류가 안 흐르고 있던 구조에서 n형-n형-n형의 전류가 흐르는 구조가 되는 것이다. 이렇게 p형을 n형으로 바꾸는 금속 전극의 최소 전압을 문턱 전압(threshold voltage)이라고 부르고 트랜지스터가 켜지고 꺼지는 기준 전압이 된다.

채널을 p형 반도체를 쓰면 inversion시켜서 n형-n형-n형이 되므로 nMOSFET이라고 부른다. 반대로 n형 반도체를 쓰면 p형-p형-p형이 되어서 pMOSFET이 만들어진다. 이 MOSFET은 이전에 사용하고 있던 bipolar 트랜지스터에 비해서 소자의 크기를 줄이는 소자 미세화에 매우 적합한 형태였다. 그래서 MOSFET을 이용하여 '무어의 법칙'을 계속 유지할 수 있었던 것이다.

강대원 박사는 1931년 서울에서 태어나서 자란 토종 한국인이었다. 경기고를 마치고 서울대에 입학한 후 6·25전쟁을 맞게 된 강대원 박사는 해병대로 참전을 한다. 전쟁이 끝난 후 복학해서 1955년 서울대학교 물리학과를 졸업한 강대원 박사는 미국으로 유학을 떠났다. 당시 반도체 특성화 대학이었던 오하이오 주립대

반도체 역사에 큰 족적을
남긴 한국인 강대원 박사

학에서 유학 생활을 시작하게 되었다.
1959년 박사학위를 받고 벨랩에 입사하
게 된다.

입사 첫해 강대원 박사는 M. M. Atal-
la와 함께 1921년 Julius E. Lilienfeld가 이
론으로만 특허를 냈었던 MOSFET을 실
제 구현을 하기 위해 노력을 한다. 쇼클
리가 벨랩 최초의 반도체 소자 특허에
서 배제되었던 이유가 되었던 그 특허

기술이었다. 쇼클리 이후에도 이 전계효과를 이용하여 트랜지스
터를 만들기 위해 많은 노력이 있었으나 계속 실패했었다. 산화
막과 반도체 사이의 인터페이스(interface)에 있던 많은 state가 전
자를 붙잡으며 가해준 전기장이 반도체 채널에 영향을 주는 것
을 막았기 때문이다. 그래서 이론적으로 예상되던 작동이 실제
로는 일어나지 못했던 것이다.

신입 사원이었던 강대원 박사는 M. M. Atalla 박사의 우수한
산화막 형성을 통해 이 state들을 줄이는 아이디어(passivation)를
이용하기로 한다. 이 아이디어는 매우 성공적이어서 산화막 인터
페이스의 state를 줄일 수 있었고 실제로 작동하는 트랜지스터를
만드는데 성공한다. 이 당시에는 MOSFET에 흐르는 전류가 기존

bipolar 트랜지스터 소자에 비해 너무 적어서 사용하는 데 한계가 있었다.

그러나 집적회로 시대가 되며 MOSFET의 적은 전류는 오히려 큰 장점이 되었다. 개별 소자를 배선으로 연결한 것에 비해 집적 소자는 적은 전류로도 문제없이 신호를 전달할 수 있었다. 오히려 적은 전류는 전력 소모를 줄일 수 있으므로 장점이 된 것이다. 또 전류가 표면을 흐르는 MOSFET은 전류가 깊은 곳까지 흘러야 하는 bipolar 트랜지스터에 비해 작게 만들기도 용이했다. 그래서 이 MOSFET은 후에 bipolar 트랜지스터를 빠르게 대체하게 되었다. 강대원 박사는 1961년 메모에서 'MOSFET이 제조의 용이성으로 집적회로 시대에 큰 기회가 생기게 될 것'이라고 남겨서 그 가능성을 알고 있었다.

강대원 박사가 전 세계 반도체 산업에 남긴 공적은 이뿐만이 아니었다. MOSFET의 MOS 구조에 금속 전극층을 한 겹 더 삽입해 넣는 floating gate MOSFET(FG MOSFET)도 발명했다. 위에 있는 컨트롤게이트에 높은 전압을 가하면 채널에 모인 전하 캐리어가 아래쪽 산화막을 뚫고(tunneling) 들어와서 플로팅게이트(Floating Gate, FG)에 저장된다. 이렇게 플로팅게이트에 모인 전하 캐리어의 양에 따라 트랜지스터가 켜지고 꺼지는 기준인 문턱 전압(Threshold voltage)이 변하게 된다. 플로팅게이트에 저장된 전

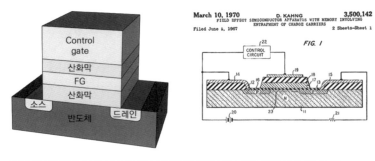

플래쉬메모리의 원천 기술이 된 강대원 박사의 FG MOSFET 구조 및 특허

하 캐리어는 전원을 꺼도 산화막의 에너지베리어(energy barrier) 때문에 채널로 돌아가지 못하고 머물러 있으므로 전기가 없는 상태로도 정보를 저장하는 비휘발성 메모리가 되는 것이다. 강대원 박사는 1967년 이 소자를 FG MOSFET라는 이름으로 동료 사이먼 지(Simon M. Sze) 박사와 함께 특허 출원을 한다. 이 소자는 후에 엄청난 시장을 만드는 기술이 되는데 바로 우리가 정보를 보관하는 플래쉬메모리(USB 메모리, SSD, SD 카드 등)의 원천 기술이다.

소자 미세화가 용이한 MOSFET이 나타나며 집적회로의 발전은 더더욱 빨라졌다. 소자 미세화는 더 많은 수의 트랜지스터를 같은 면적에 집어넣을 수 있게 해주므로 '무어의 법칙'을 계속 지켜나가는 데 큰 역할을 한다. 이때부터 MOSFET의 크기를 줄이

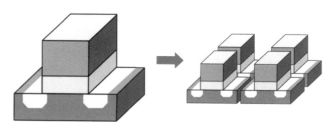

Table 59A/B. Technology Requirements

Year of First Product Shipment Technology Generation	1999 100nm	2000	2001	2002 130nm	2003	2004	2005 100nm	2008 70nm	2011 50nm	2014 35nm
Cost (Cents/Pin)										
Low cost	0.40–0.90	0.38–0.89	0.36–0.81	0.34–0.77	0.33–0.73	0.31–0.70	0.29–0.66	0.25–0.57	0.22–0.49	0.19–0.42
Hand-held	0.50–1.30	0.48–1.24	0.45–1.17	0.43–1.11	0.41–1.06	0.39–1.01	0.37–0.96	0.32–0.8	0.27–0.70	0.23–0.60
Cost-performance	0.90–1.90	0.86–1.81	0.81–1.71	0.77–1.63	0.73–1.55	0.70–1.47	0.66–1.40	0.57–1.20	0.49–1.03	0.42–0.88
High-performance	3.10	2.95	2.80	2.66	2.52	2.40	2.28	1.95	1.68	1.44
Harsh	0.50–1.00	0.48–0.95	0.45–0.90	0.43–0.86	0.41–0.81	0.39–0.77	0.37–0.74	0.32–0.6	0.27–0.54	0.23–0.46
Memory	0.40–1.90	0.38–1.71	0.36–1.58	0.34–1.39	0.33–1.26	0.31–1.12	0.29–1.01	0.25–0.74	0.22–0.54	0.19–0.35
Chip Size (mm2)										
Low cost	63	55	57	59	61	63	65	72	81	90
Hand-held	53	55	57	59	61	63	65	72	81	90
Cost-performance	170	170	170	191	214	225	235	270	308	351
High-performance	450	450	450	509	567	595	622	713	817	937
Harsh	53	55	57	59	61	63	65	72	81	90
Memory	132	139	145	152	159	167	174	200	229	262

Solutions Exist   Solutions Being Pursued   No Known Solutions

International Technology Roadmap for Semiconductors ITRS
Tokyo, Japan; November 1999

소자 미세화와 표준화된 미세화를 이끈 ITRS

는 소자 미세화와 '무어의 법칙'을 달성하는 것은 같은 의미를 갖게 된다.

작은 MOSFET을 그리기 위한 리소그래피의 발전, 게이트 유전막인 산화막의 두께를 얇게 만드는 것, 소스/드레인 정션(source/drain junction)을 얇게 만드는 것 등 다음 소자 미세화 목표를 정하고 합심해서 달성하도록 공동노력을 하게 되었다. 이렇게 하기 위해서 반도체 산업은 International Technology Roadmap for Semiconductor(ITRS)라는 로드맵을 만들어 필요한 기술을 분야별로 나눈 후 목표를 설정했다. 그리고 목표를 달성하도록 산업계 전체가 총합적으로 합심해서 일하였다. 산업 전체가 공동의 목표를 향해 노력을 함께하는 그간 없던 형태의 R&D가 시작된 것이다. 이러한 총합적 R&D는 반도체 산업의 특징이 되었다.

'무어의 법칙'의 의미는 반도체 회사가 집적도를 높여서 만들면 새로운 시장이 만들어지고 돈을 많이 벌 수 있다는 점을 예측한 것이다. 경제적 이윤 추구가 동기가 되어 엄청난 기술 개발이 이루어질 것을 알았다는 점에서 무어의 경영자로서의 통찰력을 보여준다. '무어의 법칙'이 처음 이야기되었을 때 집적회로 내의 트랜지스터 한 개를 만드는 비용을 계산해 보면 약 30달러였다. 그러나 50년이 흐른 후 그 비용은 10억 분의 1달러 수준으로 떨어졌다.

또한 인텔 CEO로서의 카리스마도 보여준다. '무어의 법칙'은 인텔에 의해서 지켜져 왔다. 1979년 4월 이사회의 회장 및 최고 경영자가 된 이래 1997년 이사회 의장에서 은퇴할 때까지 '무어의 법칙'은 인텔의 엔지니어들에게는 반드시 지켜야 하는 목표였다. 무어가 완전히 은퇴한 이후에야 '무어의 법칙'이 깨질 것이라는 이야기가 끊임없이 나왔던 것은 우연이 아니다. 누군가는 '무어의 법칙'은 무어의 통찰력을 보여주는 것이 아니고 무어의 직함을 보여주는 것이라고도 한다. 재미있는 사실은 고든 무어도 '무어의 법칙'은 곧 깨질 것이라고 여러 번 예언했고 그 예언은 번번이 틀렸다는 것이다.

CMOS 기술과
반도체 메모리의 탄생

앞에서 스위치 소자를 갖고 논리 연산과 사칙 연산을 하는 것을 보였다. 스위치 소자로 논리연산을 하기 위해 회로를 구성하는 방법은 한 가지만 있는 것은 아니다. 여러 가지 다양한 구성 방법으로 논리 연산을 하도록 만들 수 있다. 처음으로 상용화되었던 bipolar 트랜지스터가 나타난 이래 반도체 스위치 소자를 이용하여 논리 연산을 수행하는 많은 로직 칩이 선보였다.

그러나 이러한 로직 칩의 전성시대는 앞에서 소개한 강대원 박사와 Atalla 박사의 MOSFET이 나오면서 시작되었다. 집적회로가 만들어지면서 각광받기 시작한 MOSFET 스위치 소자는 특히 1963년 2월 페어차일드반도체사의 Chih-Tang Sah와 Frank Wanlass가 처음 소개한 CMOS 기술이 나오며 꽃을 피우게 된다. CMOS 기술은 현재까지도 사용되며 반도체 소자를 만드는 기술의 대명사로 불리우고 있다.

CMOS는 Complementary MOSFET의 약자이다. Complementary는 '상호 보완', '보상'이라는 뜻으로 두 가지 종류가 보완적으로 쓰인다는 의미이다. 여기서는 전자를 전하 캐리어로 하는 nMOS(FET)과 홀을 전하 캐리어로 하는 pMOS(FET)이 같이 쓰이기 때문에 CMOS 라고 불린다. 앞에서 이야기하였듯이 nMOSFET은 p형 반도체를 채널로 하여 만들어진다. 채널을 inversion 시켜서 전류를 통하게 하므로 금속 게이트에 양전압을

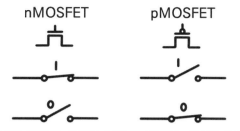

반대로 작동하는 두개의 스위치를 사용하는 CMOS 기술

가해서 채널에 전자가 오도록 만들어야 켜지는 스위치이다. 반대로 pMOSFET의 경우는 채널이 n형 반도체이므로 전류가 통하게 하기 위해서는 금속 게이트에 음전압을 가해서 채널에 홀이 오도록 만들어야 한다. nMOSFET과 pMOSFET은 완전히 대칭적으로 작동을 하는 것이다.

그런데 pMOSFET의 반도체 채널에 양전압을 가해 놓으면 켜지는 것과 꺼지는 것이 nMOSFET과 정반대가 되도록 평행 이동한다. 간단하게 이야기 하면, 금속 게이트에 0V의 전압을 가하면 채널의 양전압 때문에 마치 금속 게이트에 음전압이 걸린 것 같이 되어서 pMOSFET은 켜지게 된다. 이것을 *끄기* 위해서는 금속 게이트에 채널에 걸려 있는 양전압과 같은 크기의 양전압을 걸어서 전기장을 없애주어야 한다.

정리하면 nMOSFET 과 pMOSFET은 켜지는 것과 꺼지는 것이 반대로 작동하는 스위치가 되는 것이다. 두 MOSFET의 금속 게

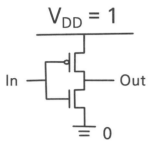

INPUT	OUTPUT
A	NOT A
0	1
1	0

CMOS 기술을 이용하여 만든 인버터

이트 전극에 똑같이 0V를 주면 nMOSFET은 꺼지고 pMOSFET
은 켜지게 된다. 또, 두 MOSFET의 금속 게이트 전극에 똑같이
양전압을 주면 nMOSFET은 켜지게 되고 pMOSFET은 꺼지게 된
다. 두 가지 종류의 반대로 작동하는 스위치 소자를 갖게 된 것
이다. 하나(nMOSFET)는 스위치에 전압을 가했을 때 켜져서 전류
가 흐르도록 하는 스위치이고 다른 하나(pMOSFET)는 스위치에
전압을 가하지 않았을 때는 켜져 있다가 전압을 가하면 꺼지는
스위치이다.

　이 두 스위치를 직렬로 연결한 위의 회로를 보자. In 단자에 1
이 들어가면(전압이 걸리면) 위에 있는 pMOSFET은 꺼지고 아래
의 nMOSFET은 켜지게 된다. 그러면 Out 단자는 아래의 접지와
연결이 되어서 전압이 0이 되므로 0이라는 신호가 Out 단자에
나오게 된다. 반대로 In 단자에 전기를 걸지 않으면(0이 들어가면)

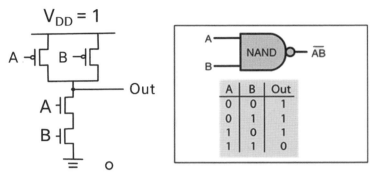

CMOS 기술을 이용하여 만든 NAND 회로

pMOSFET는 켜지고 nMOSFET는 꺼지면서 Out 단자는 전압이 높은 V_{DD} 선과 연결이 된다. 그래서 높은 전압이 되므로 1이라는 신호가 Out 단자에 나오게 된다. 이렇게 0이 들어가면 1이 나오고 1이 들어가면 0이 나오게 되므로 논리 회로에서 NOT 논리 연산을 수행하는 인버터(inverter)가 된다.

위와 같이 pMOSFET 두 개를 병렬로 연결하고 아래에 nMOS-FET 두 개를 직렬로 연결하고 nMOSFET과 pMOSFET 하나씩을 A와 B에 각각 연결해 보자. A에 0, B에 0 이 들어가면 위의 두 개의 pMOSFET는 켜지고 아래의 두 개의 nMOSFET는 꺼진다. 그래서 Out은 위의 V_{DD} 선과 연결이 되므로 1이 나온다. A와 B가 1,0이나 0,1이 되면 위의 두 개의 pMOSFET 중 하나만 켜진다. 마찬가지로 아래의 nMOSFET도 둘 중 하나만 켜진다. 그러

면 Out은 위에 켜진 pMOSFET를 통해 V_DD 선과 연결되므로 1이
라는 신호가 나온다. A와 B가 모두 1이 되는 경우 위의 두 개의
pMOSFET는 꺼지고 아래의 두 개의 nMOSFET는 켜지므로 Out
은 아래의 접지와 연결이 되어 0이 된다. 결과를 정리하면 그림의
진리표와 같고 NAND(Not AND)가 되는 것이다.

이처럼 대칭적으로 움직이는 nMOSFET와 pMOSFET 두 종
류의 스위치를 가지고 논리 연산을 하는 회로를 구성하는 것을
CMOS 기술이라고 부른다. 물론 두 개의 스위치 소자가 아니
고 한 종류의 스위치 소자를 갖고도 구성이 가능하다. MOSFET
을 최초로 논리 연산 회로에 사용하였을 때는 pMOSFET만을
갖고 만들었다. 그 후 nMOSFET 한 종류로 만드는 시대를 거쳐
CMOS 시대로 넘어온 것이다. 그 이유는 아래의 nMOSFET을 이

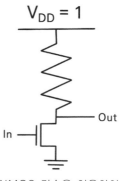

NMOS 기술을 이용하여
만든 인버터

용한 인버터 회로를 보면 알 수 있을 것
이다.

저항과 nMOSFET을 직렬로 연결하
였고 저항의 윗단은 전압이 걸려 있고
nMOSFET의 아래 단은 접지되어 있다.
In 단자에 0이 들어가서(전압이 걸리지 않
아서) nMOSFET이 꺼져 있다면 Out 단
자는 저항을 통해서 V_DD 선과 연결되므

로 1이라는 상태가 된다. 또 In 단자에 1이 되는 경우(전압이 걸리는 경우)는 nMOSFET이 켜진다. 이때 nMOSFET 스위치의 저항은 위에 달려 있는 저항에 비해서 매우 미미하므로 Out은 아래의 접지와 연결되는 셈이 되어 0이 된다. 이렇게 해서 그림의 회로는 In에 0을 넣으면 1이 나오고 1을 넣으면 0이 나오는 인버터가 되는 것이다.

사실 이렇게 nMOSFET만을 사용하는 경우가 CMOS 기술을 사용하는 기술에 비해서 많은 장점이 있다. 우선 CMOS 기술은 같은 수의 nMOSFET과 pMOSFET을 사용해야 하므로 한 가지 종류를 사용했을 때에 비해 단위 소자 수가 두 배가 된다. 물론 저항을 만들어야 하지만 이것은 nMOSFET을 pMOSFET과 같은 웨이퍼에 만드는 복잡함에 비하면 매우 쉬운 일이다.

이전에도 말했듯이 nMOSFET은 p형 반도체 위에 만들어야 하고 pMOSFET은 n형 반도체 위에 만들어야 한다. 한 웨이퍼에 만들기 위해서는 각각의 MOSFET을 만들기 위해 n형과 p형의 반도체 구역(well)을 만들어야 한다. 그리고 소스와 드레인도 다른 종류로 만들어야 하므로 도핑 공정도 두 번을 하여야 하며 각각의 도핑 공정이 반대 소자에는 영향을 주지 않도록 하여야 한다. 그래서 공정의 복잡도는 두 배 이상이 된다.

이런 공정의 복잡함에도 불구하고 CMOS 기술이 사용되게

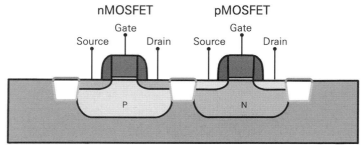

nMOSFET   pMOSFET

CMOS 단면

된 이유는 CMOS 기술의 낮은 전력 소모에 있다. nMOSFET로 만든 인버터 회로를 보면 In 단자에 1이 들어가서 nMOSFET이 켜졌을 때 V_{DD}와 접지가 직접 연결되어 상당히 많은 전류가 흐르게 된다. 그러나 CMOS 기술의 경우는 nMOSFET이 켜지면 pMOSFET이 꺼지게 되므로 V_{DD}와 접지가 연결되는 일이 발생하지 않는다. 그래서 소모되는 전력이 비교도 할 수 없을 만큼 적어진다. 그런 장점으로 CMOS 기술이 nMOS 기술 등 경쟁 기술들을 제치고 논리 회로를 만드는 대표 반도체 기술이 된 것이다.

MOSFET의 출현은 논리 회로를 만드는 로직 칩에만 변화를 준 것은 아니다. 메모리도 이 MOSFET을 사용하여 반도체 메모리를 만들게 된다. 1964년 페어차일드반도체사의 존 슈미트(John Schmidt)는 MOS 구조를 갖는 메모리를 처음으로 만든다. 이 메모리는 Static Random Access Memory(SRAM)였다. Random Access

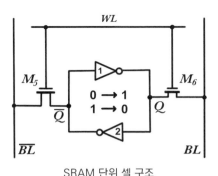

SRAM 단위 셀 구조

Memory란 정보가 저장된 위치를 순차적으로 찾아가지 않고 특정한 위치에 바로 접근하여 데이터를 찾아올 수 있는 메모리를 말한다. SRAM의 정보 1비트(bit)를 저장하는 최소 단위 셀을 간단히 설명하면 두 개의 인버터의 입력과 출력이 서로 연결된 형태로 만들어진다. 처음 고안을 했을 때는 위의 CMOS가 아닌 pMOSFET만을 사용해서 만든 인버터를 사용하였다.

SRAM의 작동 원리는 다음과 같다. 왼쪽 $\overline{Q}$가 0이면 인버터 1에 의해 Q는 1이 된다. 그러면 인버터 2에 의해 $\overline{Q}$는 다시 0이 되어 순환하게 된다. 만약 왼쪽 $\overline{Q}$가 1이면 인버터 1에 의해 Q는 0가 된다. 그러면 인버터 2에 의해 $\overline{Q}$는 다시 1이 되어 순환하게 된다. 그렇게 Q는 0이 되는 상태와 1이 되는 상태의 두가지 안정된 상태를 가질 수 있다. 셀을 읽을 수 있도록 열어주는 word line(M5, M6의 게이트에 연결된)이 선택되면 bit line을 통해 셀에 정보를 읽거나 쓸 수 있게 되는 것이다. 이 SRAM은 기본적으로 많은 수의 스위치 소자를 쓸 수밖에 없었다. CMOS로 구현할 경우는 두 개의 인버터를 만드는 데 각각 두 개의 nMOSFET, pMOS-FET 그리고 입구를 막아주는 두 개의 nMOSFET, 이렇게 해서 총 여섯 개의 MOSFET이 한 셀에 필요했다. 전기적으로 전달되는 신호이므로 메모리를 읽고 쓰는 속도는 전자의 속도만큼 매우 빠르다. 그러나 많은 스위치 소자가 필요하므로 넓은 면적을 차지하는 약점이 있었다. 그래서 면적을 줄이기 위해서 나온 것이 DRAM(Dynamic RAM)이다. DRAM의 셀은 1개의 MOSFET과 한 개의 축전기로 이루어져 있다.

축전기에 전하가 채워져 있는지 비어 있는지의 두 가지 상태를 이용하여 정보를 저장하는 DRAM은 그림과 같이 한 개의 축전기와 한 개의 스위치 소자로 단위 셀을 구성한다. 그런데 DRAM

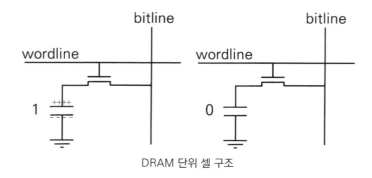

DRAM 단위 셀 구조

은 축전기에 저장된 전하가 새어나가서 조금만 시간이 지나도 저장된 정보가 없어지는 단점이 있다. 그래서 주기적으로 전하를 보충해서 정보가 없어지지 않도록 계속 다시 저장을 해주어야 한다. 이러한 동작을 리프레쉬(refresh)라고 한다. DRAM도 SRAM처럼 전기가 나가면 저장된 정보가 사라지는 휘발성(volatile) 메모리이다. 그러나 전기가 들어와 있는 동안은 계속 정보를 유지하고 있는 SRAM과는 다르게 계속 주기적으로 리프레쉬해주지 않으면 정보가 사라진다. 그래서 dynamic이라는 수식어가 붙었다.

이 DRAM 셀의 특허는 소자 미세화의 법칙인 Dennard의 법칙을 만든 IBM의 Robert Dennard에 의해서 1966년 발명되었다. DRAM은 SRAM에 비해서는 정보를 쓰고 읽는데 약간 느리지만 훨씬 단순한 구조로 매우 많은 셀을 같은 면적에 집어넣을 수 있었다. 이러한 집적도의 장점으로 현재까지도 가장 중요한 메모리로 사용되고 있다. 정보를 찾아오는 데 가장 빠른 SRAM은 CPU에 같이 집적되어 CPU가 자주 사용하는 프로그램과 데이터를 기억하는데 사용하는 캐시 메모리로 주로 사용된다. 반면 속도가 약간 뒤지지만 집적도가 우수한 DRAM은 CPU와 별도로 있으며 주메모리의 역할을 한다.

이러한 반도체 집적 공정 기술을 이용한 메모리는 소자 미세화가 진행되며 놀라울 만큼 싼 가격으로 만들어 낼 수 있게 되었고 1970년을 지나면서 그때까지 사용하고 있던 자기 코어 메모리보다 bit당 가격이 더 싸게 되었다. 이것이 다음에 이야기하게 될 반도체 집적 공정의 힘이다. 같은 비용으로도 소자 미세화를 통해 훨씬 많은 제품을 만들 수 있는 것이다.

강대원 박사와 사이몬 지 박사가 1967년 개발한 FG MOSFET도 메모리로 시장에 나온다. 이 메모리는 SRAM과 DRAM과는 달리 전원이 꺼진 후에도 저장하고 있는 정보를 잃지 않는다. 이러한 메모리를 비휘발성(non volatile) 메모리라고 부른다. FG MOSFET은 EPROM(erasable programmable read-only memory)이나 EEPROM(electrically erasable programmable read-only memory) 등과 같이 컴퓨터가 꺼졌을 때도 데이터를 저장하는 매체로 처음에 사용되었다. 이 FG MOSFET의 비휘발성 메모리는 1980년 일본의 도시바에서 플래시 메모리(flash memory)라는 제품으로 출시되었다.

플래시 메모리는 같은 셀에 여러 차례 정보를 저장했다가 지웠다 할 수 있는 제품이었다. 이 플래시 메모리는 2000년대가 되어 휴대폰, 디지털 카메라 등 다양한 모바일 기기가 나오면서 폭발적인 수요가 생긴다. 요즘은 컴퓨터의 하드 드라이브 대신에 사용하는 SSD(Solid State Drive), 이동식 USB 드라이브, SD카드 등 다양한 곳에 사용되게 되었다. 그래서 플래시 메모리는 DRAM

과 함께 메모리 시장의 양대 산맥 중 하나로 중요한 부분을 차지하는 제품이 되었다.

현재 플래시 메모리도 DRAM과 마찬가지로 마켓 쉐어 절반 이상을 우리나라 기업이 차지하고 있을 정도로 한국이 강한 기술이다. FG MOSFET을 계승하는 기술인 Charge Trapped 플래시 메모리 기술, 3D NAND 기술도 우리나라에서 최초로 상용화되는 등 우리나라와 인연이 많은 제품이다.

반도체 집적 공정과
소자 미세화

집적회로를 만드는 방법에 대해서 조금 더 이야기해야 할 것 같다. 집적회로를 만드는, 즉 많은 수의 단위 소자를 만들고 배선으로 연결하여 하나로 된 칩으로 만드는 공정을 반도체 집적 공정이라고 부른다. 또는 반도체 공정이라고도 부른다.

반도체 집적 공정의 특징은 평면 공정, 조각, 인쇄 공정, 융단 폭격으로 이야기할 수 있다. 이해를 돕기 위해 아파트 단지를 짓는 것을 예를 들겠다. 현재 아파트 단지를 건설하는 방법을 생각해보자. 땅을 파고 골조를 세우고 벽을 세워서 한 층 한 층 올리며 아파트 한 동을 짓는다. 이것을 반복하면서 한 동, 한 동 지어서 아파트 단지를 만드는 것이다.

그런데 반도체 집적 공정으로 아파트 단지를 짓는다면 이렇게 할 것이다. 우선 전체 단지 땅을 평평하게 만든다. 그 위에 콘크리트를 일정한 두께로 전체 단지를 완전히 덮는다. 콘크리트가 남아 있어야 할 부분(벽이 될 부분)과 없어야 할 부분(집 내·외부 공간이 될 부분)을 인쇄하여 표시하고 벽이 될 부분을 보호할 수 있는 것으로 덮는다. 온 아파트 단지를 융단 폭격을 하여 보호가 안 되어 있는 콘크리트 부분을 다 날려버린다. 이렇게 하면 벽만 남고 나머지 부분의 콘크리트는 날아가게 된다. 이렇게 전체를 덮고 필요 없는 부분을 깎아내는 것은 미술에서 재료를 깎아내어 조각품을 만드는 '부조'라는 기법과 같다. 다만 조각칼을 써서

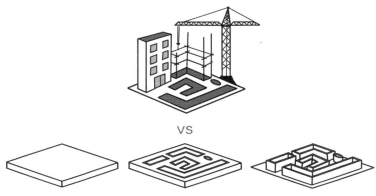

VS

반도체 소자 집적 공정과 아파트 단지 건축의 비유

깎아내는 것이 아니고 전체 면적을 융단 폭격하여 한 번에 필요 없는 부분을 날려버리는 것이다.

어쨌든 이러한 방법을 반복하면서 아파트 단지 전체 건물의 한 층, 한 층을 동시에 쌓아 올리는 것이다. 현재 건설 공법과는 달리 아파트 단지의 모든 동을 한꺼번에 지어 올라가는 식이다. 어찌 보면 재료를 너무 낭비하는 방법으로 보인다. 또 아파트 단지 전체 면적을 처리해야 하므로 넓은 면적을 처리할 수 있는 비싼 기계 장비가 필요할 것이다.

왜 이런 방법으로 만들어야 할까? 이 방법의 장점은 단지의 아파트 동 수가 많아지면 명확해진다. 아파트 열 동을 짓는다면 현재와 같이 한 동, 한 동 짓는 건설 공법이 재료도 아끼고 훨씬 경제적일 것이다. 그러나 지어야 할 아파트가 수만 동이 된다면, 아니 수백억 동이 된다면 어떻게 될까? 이렇게 아파트의 동 수가 엄청나게 많아지면 전혀 다른 이야기가 된다. 한 동, 한 동 만드는 식으로는 이 단지를 만드는 데 너무 많은 시간이 소요될 것이다. 거의 불가능하다고 볼 수 있다. 그래서 이러한 반도체 집적 공정을 이용해서 만들어야만 하는 것이다. 이때 덮는 공정을 증착, 필요한 부분과 필요 없는 부분을 인쇄하는 공정을 리소그라피, 깎아내는 공정을 식각이라고 부른다.

웨이퍼 한 장에 일반적으로 똑같은 칩을 여러 개를 만든다. 한 칩이 되는 구간을 다이(Die)라고 부른다. 웨이퍼의 크기와 다이의 크기에 따라 웨이퍼당 나오는 다이의 숫자는 다르다. 예를 들어 현재 사용하는 300mm 직경의 원형인 웨이퍼에 가로 세로 1cm의 정사각형 다이를 넣는다면 약 540개 정도의 다이가 나온다. 각 다이는 모두 정확히 똑같은 모양을 하고 있고 다이 안에는 수백억 개의 트랜지스터가 들어가 있다. 반도체 집적 공정은

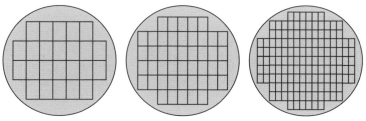

크기가 다른 다이를 갖고 있는 웨이퍼들

이러한 웨이퍼 전체를 한 번에 처리하면서 엄청난 수의 단위 소자를 동시에 만들어 올리는 작업이다. 그러므로 반도체 집적 공정에서 각각의 공정은 전체 웨이퍼의 각 부분 동일하게 공정을 할 수 있는 균일도(uniformity)가 대단히 중요하다. 또 웨이퍼 한 장을 처리하고 다음 웨이퍼를 처리할 때도 똑같은 결과를 내줄 수 있는 반복도(repeatability)도 똑같이 중요하다.

이런 방법으로 만들므로 집적회로 내에 소자를 몇 개 만들어 넣거나 한 장을 만드는 비용은 비슷하다. 즉, 단위 소자 하나씩을 다이에 넣어서 만드는 비용과 소자 수백억 개를 만드는 비용이 차이 나지 않는다. 단지, 반도체 집적 공정을 위해서는 매우 고가의 장비가 필요하다. 세정, 증착, 식각, 리소그래피 등 매우 작은 것을 많은 수로 똑같이 만들어야 하는 기술의 특성상 장비를 만들기 위한 기술이 매우 어렵고 비싸질 수밖에 없다.

이러한 비싼 장비를 사용하여 수익을 내기 위해서는 더 많은 숫자의 다이를 웨이퍼에 넣어야 한다. 그러기 위해서는 단위 소자를 더 작게 만들어 다이를 가능한 가장 작게 만들어야 한다. 같은 기능의 칩을 만들 수 있는 다이를 한 웨이퍼에서 100개 만드는 것보다 200개를 만들 수 있으면 수익률이 두 배가 되는 것이다.

그래서 수율(yield)이라는 것도 매우 중요하다. 수율은 만들어진 다이 중 제대로 작동하는 것이 몇 개인지를 말한다. 반도체 집적 공정은 매우 미세한 단위 소자를 수십, 수백억 개를 만들어 연결하여 만들므로 만드는 과정 중 잘못되는 경우가 매우 많다. 예를 들어 웨이퍼 위에 작은 먼지 하나가 단위 소자 위에 있거나 연결하는 배선 위에 있다면 그 다이는 제대로 작동하지 않을 것이다. 그러면 죽은 다이가 되고 수율은 떨어지는 것이다. 그래서 반도체공장의 영상을 보면 우주복과 같이 생긴 이상한 옷을 입은 사람들이 특수한 시설 안에 있는 것을 볼 수 있다. 특수한 시설은 클린룸이라고 불리는 공간이다. 방금 전 말했듯이 반도체 집적 공정에서 먼지는 집적회로를 망가뜨릴 수 있다. 그래서 반도체를 만드는 공간은 먼지가 매우 적어야 한다.

클린룸은 떠다니는 먼지가 아래로 가라앉도록 계속 위에서 아래로 공기를 불어주고 있다. 밑으로 내려온 공기는 필터를 거치면서 먼지가 제거된다. 1 ft^3(28.4l)당 평균적인 먼지의 숫자에 따라 class 1000, class 100, class 10 등으로 클린룸의 청정도를 표시한다. 청정도 숫자가 작을수록 먼지가 적은 것을 이야기하는데 이렇게 먼지 숫자를 낮추기 위해서는 많은 비용이 소모된다. class 10은 class 100에 비해 먼지의 양은 1/10이지만 비용은 열 배가 아닌 기하급수적으로 증가한다. 그러므로 필요한 공정에 맞는 청정도를 알고 클린룸을 설계하는 것이 필요하다.

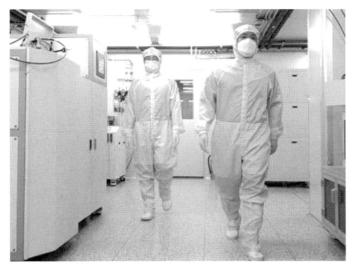
반도체 소자의 오염을 막기 위한 기술, 클린룸과 방진복

또 클린룸은 단순히 먼지뿐만 아니고 온도, 습도, 공기압 및 조도 등이 정밀하게 제어되는 공간이다. 일반적으로 압력은 외부에 비해 높은 양압으로 유지되어 외부에서 공기가 유입되지 않도록 하고 있다. 그리고 클린룸에서 일하는 사람들은 방진복이라고 불리는 먼지가 발생하지 않는 특수한 옷을 입고 마스크와 장갑을 끼고 활동하도록 되어 있다. 이처럼 반도체 제조는 오염과의 싸움이라고 이해를 하면 된다.

여기서 오염은 눈에 보이는 수준을 이야기하는 것이 아니고 먼지 한 개, 사람의 입김, 땀, 화장품 등 아주 미세한 수준이다. 사람의 입김, 땀 또는 화장품 등에도 반도체 소자를 죽일 수 있는 이온들이 존재한다. 이러한 것들을 막기 위한 방편으로 클린룸, 방진복, 장갑 등 특수한 시설과 복장이 필요한 것이다. 또한 클린룸 내의 장비와 소모품들도 클린룸 내의 사용이 가능한 것들만 사용해야 한다. 종이도 먼지를 발생시키지 않는 클린룸 전용 종이가 따로 있을 정도이다.

반도체 집적 공정은 설계에 따라 웨이퍼 위에(정확히 말하면 다이 안에) 엄청난 수의 반도체를 이용한 단위 소자를 만들고 이 소자들을 금속 배선으로 연결하는 공정으로 이루어진다. 단위 소자의 수가 늘어날수록 연결해야 하는 복잡성이 증가하므로 금속 배선이 여러 층으로 올라가게 된다. 현재 몇몇 제품에서는 15층 이상의 금속 배선 층을 사용하고 있다. 이러한 작업들은 위에서 말한 클린룸 안에서 웨이퍼를 사용하는 장비를 이용해서 이루어지고 있다. 그래서 이 클린룸 공간을 팹(fab)이라고 부른다.

일반적으로 팹에서 웨이퍼 상에서 이루어지는 공정들이 끝나고 웨이퍼가 나오면 이것을 다이 별로 잘라서 후공정을 진행하게 된다. 후공정은 칩을 외부의 충격이나 습기 등으로부터 보호할 수 있도록 감싸고 전기적인 신호가 들어갈 수 있는 단자를 만들어주는 작업으로 패키징(packaging)이라고 부른다. 또 팹 공정을 전 공정(Front end process)이라고 부르고 패키징을 후 공정(Back

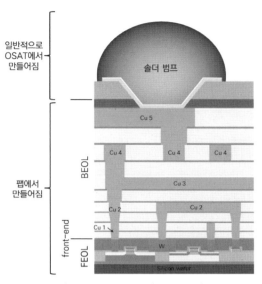

일반적으로
OSAT에서
만들어짐

솔더 범프

Cu 5

BEOL

Cu 4　　Cu 4　　Cu 4

Cu 3

팹에서
만들어짐

Cu 2　　　　Cu 2

front-end

Cu 1

FEOL

W

Silicon wafer

팹에서 웨이퍼에 FEOL(Front End of Line)과 BEOL(Back End of Line)을
만든 후 다이를 잘라서 OSAT에서 후공정을 통해 패키지한다.

end process)이라고도 부른다.

　단위 소자층을 만들 때는 반도체 물질이 채널로 필요한데 웨
이퍼의 반도체 물질을 사용한다. 반도체 웨이퍼는 넓은 면적을
가진 반도체 단결정이다. 원자들이 일정한 규칙을 갖고 나열되어
있는 것을 결정이라고 하는데 자연상태에서 큰 결정이 만들어지
기는 쉽지 않다. 보통은 주로 작은 결정립(grain)들이 뭉쳐 있는
형태인 다결정이 된다. 그래서 큰 결정으로 성장한 것은 매우 귀
해서 보석으로 치는 경우가 많다(다이아몬드, 사파이어 등). 자연계

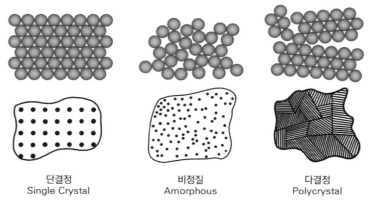

단결정
Single Crystal

비정질
Amorphous

다결정
Polycrystal

물질은 원자의 규칙적인 배열 상태에 따라 결정질(단결정, 다결정)과 비정질로 나뉜다.

에서 하나의 결정으로 크게 성장하기 위해서는 우연히 만들어진 하나의 결정핵 주위로 매우 느린 속도로 액체가 고체로 굳으며 붙어서 그 결정 규칙을 따라서 성장해야 한다. 그러므로 녹는 점 부근에서 굉장히 오랜 시간을 유지하면서 성장하여야 한다.

인공적으로 커다란 단결정을 만들기 어려웠던 과거에는 다결정의 반도체를 갖고 소자를 만들었다. 그러나 다결정은 어쩔 수 없이 결정립과 결정립 사이의 결정립계(grain boundary)가 존재할 수밖에 없다. 그런데 결정립계는 소자를 대량 생산 시 불량의 요소로 작용한다. 또, 다결정으로 소자를 만들면 각각의 소자들이 각기 다른 결정면에 만들어지게 되므로 단위 소자 간 특성이 일정하지 않게 된다. 그러므로 대량 생산을 위해서는 일정한 결정

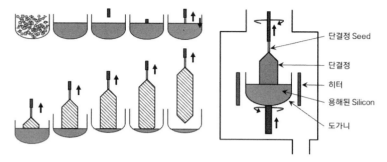

쵸크랄스키 단결정 성장 방법 : 반도체 물질을 녹인 후 작은 단결정 seed를 담궈서 꺼내면서 seed 의 결정 방향으로 단결정을 성장시키는 방법이다.

면을 갖는 커다란 웨이퍼 사이즈의 단결정이 필요하다.

이와 같은 거대 반도체 단결정을 만드는 방법에 관심을 갖은 사람은 앞에서도 언급된 고든 틸이었다. 제2차 세계대전 당시 Ge 정류기 연구를 하던 벨랩의 틸은 고순도를 갖는 단결정이 필요하다는 것을 느꼈다. 쇼클리, 바딘, 브래튼에 의해 트랜지스터가 개발되자 틸은 John Little과 함께 과거 폴란드의 과학자 Czochralski가 금속 결정을 기르기 위해 개발했던 쵸크랄스키 방법을 Ge와 Si 단결정 성장에 적용해 보기로 한다. Si이나 Ge이 완전히 녹아서 액상이 되어있는 도가니에 Seed가 되는 자그마한 단결정을 담근 후 살살 돌리며 천천히 들어올리면 Seed 단결정의 방향으로 결정이 성장하면서 거대한 단결정을 얻는 방법이었다.

틸과 Little은 1950년 이 방법으로 큰 직경을 갖는 Ge와 Si 단결

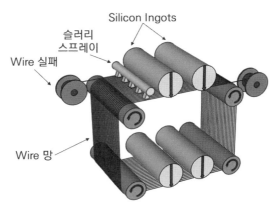

Silicon Ingots

슬러리
스프레이

Wire 실패

Wire 망

쵸크랄스키 단결정 성장법으로 만들어진 잉곳을 다이아몬드 saw를 이용하여 얇게 잘라내서 웨이퍼를 만든다.

정을 기르는 데 성공하여 이후 품질 좋은 반도체 소자가 만들어 지는 데 커다란 공헌을 하였다. 틸은 후에 TI로 옮겨서 반도체 개 발을 총괄한다. 앞에서 이야기하였던 TI의 Si 트랜지스터의 최초 개발은 바로 이 틸에 의해서 이루어졌다.

이렇게 만들어진 둥그렇고 길다란 단결정 잉곳(ingot)은 다이아 몬드 가루가 발라져 있는 줄로 얇게 자른다. 그리고 한쪽 표면을 연마하면 반도체 소자 공정에 사용되는 웨이퍼가 되는 것이다.

이전에도 이야기하였듯이 반도체 집적 공정의 특징은 웨이퍼 한 장에 있는 단위 소자가 숫자가 얼마가 되든 한 번에 만드는 데 있다. 그래서 한 장을 만드는 데 필요한 비용이 비슷하다. 그래서 단위 소자를 작게 만들어서 다이를 작게 만들면 더 많은 다이를

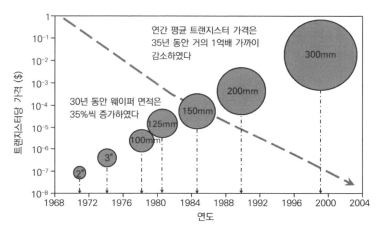

웨이퍼 크기의 변화 : 반도체 산업은 웨이퍼의 크기를 크게 하여 웨이퍼 위에 만들어지는 트랜지스터의 수를 증가시켜서 단위 가격을 감소시키는 방법으로 경제성을 높인다.

만들 수 있고 더 많은 돈을 벌 수 있다는 이야기를 하였다.

그런데 반도체 산업에서 한 웨이퍼에 더 많은 다이를 넣을 수 있는 방법이 소자 미세화 말고 하나 더 있다. 바로 웨이퍼의 크기를 크게 하는 것이다. 웨이퍼의 면적이 증가하면 더 많은 다이를 집어넣을 수 있으므로 역시 기업이 돈을 벌 수 있게 된다. 그래서 반도체 산업의 역사를 보면 약 10년을 주기로 웨이퍼의 크기를 크게 하였던 것을 알 수 있다. 1980년대 초반 150mm 직경의 웨이퍼를 쓰던 것이 1991년 무렵부터 200mm 직경의 웨이퍼로 바뀌었다.

이렇게 웨이퍼의 크기를 크게 하는 것은 단순히 한 회사가 결정할 수 있는 일은 아니다. 웨이퍼 크기가 커지면 웨이퍼뿐 아니라 웨이퍼 위에 반도체 집적 공정을 하는 모든 장비도 커진 웨이퍼를 처리할 수 있도록 함께 바뀌어야 한다. 면적이 넓어지면 그만큼 전 면적에 균일도를 유지하는 것도 어려워지므로 이러한 연구도 같이 되어야 한다. 그러므로 다 같은 크기를 처리할 수 있도록 소재, 장비, 소자 업체가 함께 약속하고 계획을 세워서 진행해야 하는 것이다.

2000년대 초에 300mm로 전환한 이후 더 큰 크기로 전환되지 못하고 계속 300mm 웨이퍼를 사용하고 있다. 그 이유는 반도체 소자 회사의 이익과 반도체 공정 장비 회사의 이익이 같은 방향이 아니기 때문이다. 반도체 웨이퍼의 사이즈를 크게 하기 위해서는 반도체 공정 장비 회사에서 많은 투자를 해서 장비를 바꾸어야 한다. 그러나 웨이퍼를 크게 하였을 때의 이득은 주로 더 많은 다이를 만들 수 있는 반도체 소자 회사가 얻어가게 된다. 그러므로 반도체 공정 장비 회사는 소자 회사가 개발비를 자신들에게 지불해야 할 것이라는 입장이지만 반도체 소자 회사는 그렇게 투자비를 많이 부담하려고 하지 않기 때문이다.

소자 미세화를 통한
성능의 향상

앞에서 소자 미세화를 경제적인 관점에서 보았다. 단위 소자를 작게 만들면 다이의 크기가 작아질 수 있고 많은 수의 다이가 한 웨이퍼에서 나오면 회사가 더 많은 수익을 올릴 수 있다. 또 같은 사이즈의 다이라 하더라도 단위 소자의 숫자가 늘어나면 칩의 기능이 늘어나게 되므로 더 좋은 칩이 나오게 되는 것이다. 그래서 소자 미세화를 통해 기능도 많아지게 할 수 있고 비용도 줄일 수 있다. 이렇게 좋아진 성능의 칩을 많이 생산할 수 있으므로 회사가 돈을 벌게 되고 계속 소자 미세화를 진행한다는 것이다. 이러한 추세를 예견한 것이 '무어의 법칙'이라고 앞에서 이야기하였다.

그런데 이 소자 미세화에서 한 가지 더 기억해야 할 것이 있다. 트랜지스터를 작게 만들면 큰 트랜지스터에 비해서 성능이 좋아진다는 것이다. 트랜지스터의 성능은 우리가 금속 게이트에 전압을 주었을 때 얼마나 빨리 트랜지스터가 켜지는가이다. 즉, 얼마나 빨리 채널이 켜져서 전류가 흐르는가로 결정된다. 채널이 켜지는 속도가 빠를수록 논리 연산 같은 일 처리를 빨리 할 수 있으므로 성능이 좋은 소자가 되는 것이다. 입력이 들어왔는데 빨리 채널이 켜지지 않아서 전류가 늦게 흐르면 그만큼 기다려야 하므로 같은 시간에 계산할 수 있는 양이 적은 성능이 나쁜 소자가 되는 것이다.

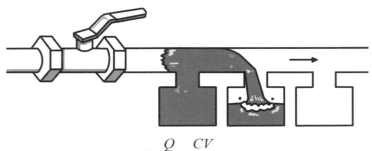

$$\tau = \frac{Q}{I} = \frac{CV}{I}$$

소자 RC delay의 물 파이프 비유

　채널이 켜지는 속도는 RC delay라는 요소로 결정된다. 전류가 지나는 통로의 저항과 정전용량(capacitance)의 곱으로 결정되는데, 위와 같은 수도 배관에 물이 흐르는 것에 비유할 수 있다. 밸브를 열었을 때 상대편 끝단에 물이 도달하는 시간이 이 RC delay이다. 그런데 중간 중간에 채워야 하는 물 저장소(parasitic capacitance, 기생 정전 용량)가 있어서 이 곳을 모두 채워져야 물이 오른쪽 끝단에 도달할 수 있는 것이다. 물을 빨리 도달하게 하기 위해서는 두 가지 방법을 쓸 수 있다. 소자가 갖고 있는 물 저장소를 작게 만드는 것(기생 정전 용량을 줄이는 것)과 함께 파이프에 흐르는 물의 양(전류)을 늘리는 방법이다.

　물의 양(전류)을 늘리는 가장 쉬운 방법은 지름이 큰 파이프를 쓰는 것이다. 전류의 양은 옴의 법칙에서 I=V/R이고 이 비유에서

Device / Parameter	Scaling factor(k)
Device dimension / Thickness	1/k
Doping concentration	k
Voltage	1/k
Current	1/k
Capacitance	1/k
Delay Time	1/k
Transistor Power	$1/k^2$
Power density	1

Dannard의 법칙

파이프의 직경은 1/R을 상징한다. 그러므로 전류를 크게 하는 가장 좋은 방법은 R(저항)을 줄이는 것이다. 저항 R=ρL/A로 A는 전류가 흐르는 채널의 단면적, L은 채널의 길이, ρ는 비저항이다. 저항을 줄이는 가장 좋은 방법은 전류가 흘러야 하는 길이를 짧게 하는 것이다. 트랜지스터를 작게 만들어서 채널의 길이를 줄이면 저항이 줄어서 더 많은 전류가 흐르게 되고 따라서 소자의 딜레이가 줄게 된다. 그러므로 소자를 작게 만들면 보다 빠르게 작동하는 소자가 되는 것이다.

1975년 IBM의 연구원이었던 Robert Dennard는 이러한 소자 미세화의 이점을 수식으로 정리하였다. 예를 들어 소자의 크기, 전압을 1/2로 줄이면 소자의 딜레이도 1/2으로 줄고 소자가 사용하는 전력은 1/4로 줄어든다는 것이다. 소자가 작아져서 더 많은 소자를 넣을 수 있으므로 결과적으로 같은 면적에 훨씬 더 빠른 소자를 훨씬 더 많이 쓰면서도 같은 전력을 사용할 수 있게 된다는 것이다. 이것을 Dennard의 법칙이라고 부른다. 앞 단원에서 이야기하였듯이 Robert Dennard는 트랜지스터 한 개와 축전기 한 개를 연결하여 정보를 기억하는 DRAM의 특허를 1968년 등록했던 사람이다.

'무어의 법칙'을 만족하기 위해서 소자를 작게 만들면 같은 면적에 많이 집적할 수도 있고, 성능도 좋아지고, 전력도 덜 사용하게 되는 것이다. 그러면 성능이 좋은 칩이 나와서 소비자가 좋아하고 생산자는 돈을 많이 벌 수 있는 모두가 행복한 상황이 된다. 그래서 이러한 소자 미세화를 통한 집적은 반도체 산업에서 60년이 넘는 기간 지속된 것이다. 또한 그렇게 저전력에 성능이 좋아진 소자를 더 많은 수를 집적하면 이전까지는 존재하지 않았던 새로운 응용 제품들(모바일 제품들, 가상 현실, 게임기 등)을 탄생시킨다. 스마트폰만 해도 과거에는 같은 성능의 일을 하기 위해서는 부피도 크고 전력도 많이 소모되서 만들 수 없었을 것이다.

그러나 반도체 소자 기술이 발전하며 배터리 전력으로도 할 수 있는 가지고 다닐 수 있는 크기의 기기로 구현할 수 있었다. 이렇게 기존에 존재하지 않았던 새로운 제품의 출현은 전자 산업의 시장을 더욱더 크게 만든다. 스마트폰이나 게임기와 같은 기기의 시장을 생각해보면 알 수 있다. 이렇게 기술의 발전이 새로운 제품의 출현과 시장의 확대로 선순환하여 다시 기술의 발전을 도모하게 하는 것이 반도체 소자 산업의 특징이다.

그래서 반도체 산업에 있는 사람들은 한 가지 믿음이 있다. 우리가 빠른 소자를 만들어내면 그것을 이용하여 새로운 제품군이 나오고 그렇게 시장이 확대되어 더 많은 돈을 벌 수 있다는 것이다. 그러므로 반도체 산업에서는 다른 생각하지 말고 계속 소자를 빠르게 만들기 위해 노력하는 것이다. 그러면 시장은 알아서 새로운 제품을 만들며 성장하고 돈을 벌게 해준다. 집적 소자가 나온 이후 지금까지 소자를 빠르게 하는 것은 지금까지 이야기한 것처럼 소자 미세화를 통해 이루어져왔다. 그러므로 소자 미세화를 통한 '무어의 법칙'의 유지는 전 산업이 합심해서 이루어야 할 공동의 목표였다. 모두 다음 소자 미세화의 목표를 설정하고 공동 노력을 해야 했다.

그래서 모든 산업의 사람들이 이해할 수 있도록 일반적인 소자 미세화의 규칙을 정했다. 이전 세대의 크기 대비 0.7을 곱한 길이로 모든 크기를 줄이는 것이 그것이다. 예를 들어 트랜지스터 채널의 길이와 폭이 $1\mu m \times 1\mu m$였다면 다음 세대는 $0.7\mu m \times 0.7\mu m$로 줄이는 것이다. 왜 0.7을 곱했을까? 이렇게 길이가 0.7씩 줄이면 면적은 $0.7 \times 0.7 = 0.49$가 되어 절반으로 줄어들게 되기 때문이다. 이런 규칙을 적용해서 다음 세대의 이름을 정하는데

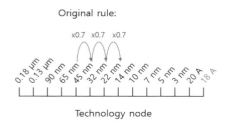

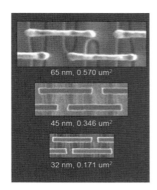

소자 미세화에 따른 기술 노드의 변화와 면적의 감소

이것을 기술 노드(technology node)라고 부른다. 5nm 기술 노드, 3nm 기술 노드와 같은 단어를 뉴스에서 많이 들어 보았을 것이다.

다음 세대의 기술 노드의 이름은 이전 기술 노드에서 약 0.7을 곱해서 정한다. 아주 정확히 0.7배가 되는 것은 아니고 약간의 반올림을 갖고 정한다. 90nm 기술 노드 다음에 65nm 기술 노드, 그 이후에 45nm 기술 노드와 같이 되는 것이다. 이 기술 노드 앞에 붙어 있는 길이는 원래는 MOSFET을 연결하는 금속 배선 간격의 절반 크기와 같았다. 이 크기는 대략적으로 MOSFET의 게이트 길이(=채널 길이)와 비슷한 크기였다.

그러나 소자의 게이트 길이가 점점 짧아져서 분자의 크기에 가까워지면서 비율에 따라 MOSFET 게이트의 길이를 줄이기가 어려워졌다. 또한 뒤에서 소개하겠지만 90nm 기술 노드 이하가 되면서 MOSFET의 성능 향상을 위해서 단순히 소자의 크기를 줄이는 방법 이외의 방법을 함께 사용하게 되었다. 그러면서 같은 게이트 길이에서도 더 나은 성능을 보일 수 있게 되었다.

현재는 기술 노드의 이름은 MOSFET 소자의 특정 크기를 나타내는 것이 아니고 MOSFET 성능의 증가를 상징하는 지표가 되어 기술의 세대를 구분하기 위한 용도로 사용되고 있다. 즉, 게이트 길이나 금속 배선 간격의 절반과 같이 어떤 특정한 길이를 의미하는 것이 아니고 기술 성능을 자랑하기 위한 마케팅 측면에서 붙여진 것이다.

소자 미세화로 소자가 작아지면 작아질수록 반도체 집적 공정은 계속 어려워질 수밖에 없다. 리소그래피 공정이 대표적으로 어려운 부분 중 하나이다. 앞에서 말했듯이 반도체 집적 소자를 만드는 공정의 가장 큰 특징은 웨이퍼 위의 모든 소자를 동시에 만드는 것이다. 그렇게 하기 위해서는 웨이퍼 전체에 필요한 물질(도체나 부도체)을 덮고 필요 없는 곳을 파내야 한다.

파내기 위해 사용하는 식각이라는 방법은 매우 무자비한 융단 폭격이라고 생각하면 된다. 웨이퍼 전체를 동시에 구분없이 폭격해서 파내는 것이다. 그러므로 남아야 할 부분을 잘 덮어서 폭격 이후에도 남게 하는 것이 필요하다. 이렇게 남아야 할 부분을 표

포토 리소그래피는 미술의 실크스크린 기법과 비슷하다.

시하고 덮는 데 필요한 기술이 포토 리소그래피이다. 이 포토 리소그래피 기술은 옛날부터 사용하던 실크스크린 인쇄법과 매우 유사하다. 필요한 부분이 그려진 마스크를 대고 잉크를 뿌려서 마스크의 가려진 부분은 잉크가 안 묻고 마스크로 가려지지 않은 부분에만 잉크가 남아서 그림이 그려지는 방법이 실크스크린 인쇄법이다.

반도체의 포토 리소그래피도 그림이 그려진 마스크를 사용한 다는 데서는 실크스크린과 동일하다. 그러나 잉크를 사용하여 그림을 그리는 대신 빛에 반응하는 물질(포토 레지스트, photoresist)과 빛을 이용하여 그림을 그린다. 우선 특정 파장의 빛에 반응하는 물질을 전체에 바른 후 마스크를 대고 특정 파장의 빛을 전체에 쪼인다. 그러면 빛을 받은 부분은 물질의 성질이 변하여 용매에 녹을 수 있게 되고 마스크에 가려져 빛을 받지 않은 부분은 성질이 그대로여서 용매에 녹지 않는다. 이렇게 빛을 쪼인 후 용매에 넣으면 표시해야 할 부분만 남고 나머지는 녹아서 없어진다.

빛을 이용하여 그림을 찍는 포토 리소그래피는 1955년 벨랩의 Jules Andrus와 Walter L. Bond로 부터 시작된다. 빛을 사용하여 그림을 그리면 일반적인 인쇄 방법으로 찍는 소자의 크기보다 훨씬 작게 만들 수 있다는 것을 처음으로 보였다. 1957년 미 육군 연구소의 Jay Lathrop과 James Nall은 이 포토 리소그래피 공정으로 200μm 두께의 금속 선을 만드는 데 이용하면서 특허를 냈다. 그후 Lathrop과 Nall은 각각 TI와 페어차일드반도체사에 들어가서 두 회사의 집적회로를 만드는 데 기여하게 된다.

계속 소자가 작아지면 빛을 쪼여서 그림을 그리는 방법에도 변화가 생겨야 했다. 왜냐하면 가장 작게 그릴 수 있는 크기는 빛의 파장에 비례하기 때문이다. 빛은 장애물이나 좁은 틈을 통과하면서 회절(diffraction)하는 특성이 있다. 이 회절은 마스크의 끝부분에서 발생하며 그로 인해 마스크의 끝 부위의 모양이 명확하지 않고 흐릿하게 된다. 이 회절의 정도는 빛의 파장의 크기에 비례하기 때문에 큰 파장의 빛은 더 큰 회절을 일으킨다. 그래서 마스크에 있는 작은 모양은 구별할 수 없는 상태가 되어 옮

길 수가 없게 된다. 커다란 페인트 붓으로 미세한 글씨를 쓸 수 없는 것과 비슷하다. 그래서 소자의 크기가 작아지면서 사용하는 빛의 파장도 점점 작아져야 했다. 초창기에는 수은 전등에서 나오는 400nm 파장의 빛을 사용하다가 1990년대 초 KrF 기체가 발생하는 248nm의 파장으로 바뀌었다. 그러다 1990년대 후반 ArF 기체의 193nm 파장의 빛으로 옮겨서 오랜 기간 이 빛을 사용하였다.

빛은 파장이 짧을수록 빛 입자(photon)의 에너지가 커진다. 그러므로 짧은 파장의 빛을 만들기 위해서는 더 많은 에너지가 들고 어려워진다. 소자의 크기는 계속 작아져서 193nm의 파장으로는 그리기가 점점 어려워졌지만 더 이상 작은 파장의 빛을 만들기가 어려워서 이 193nm의 빛을 계속 이용하게 되었다. 심지어는 물 속에서는 빛의 굴절률(refractive index)이 커지므로 같은 파장의 빛에서도 더 작게 그릴 수 있는 점을 이용하기 위해 물 속에 잠기게 하여 사용하는 방법까지 사용하였다(ArF immersion). 그러나 계속되는 소자의 미세화는 ArF를 이용하여 만드는 빛의 사용이 불가능해질 수준까지 도달하였다.

그래서 사용하게 된 것이 13.5nm 크기의 파장을 갖은 극자외선 빛(Extreme Ultraviolet, EUV)이었다. 매우 미세한 붓을 사용할 수 있게 된 셈이다. 지구상에 자연적으로는 존재하지 않는 높은

네덜란드 ASML사의 EUV 노광 장비(출처: ASML)

에너지를 갖는 빛이므로 이 EUV를 만드는 데는 엄청난 에너지와 돈이 필요하다. 이 EUV를 이용한 포토 리소그래피를 만들기 위해서는 천문학적인 개발비가 필요했다. 그래서 EUV 리소그래피를 원하는 여러 회사가 돈을 갹출해서 한 회사에게 개발을 맡겼다. 이렇게 개발과 생산을 맡게 된 회사가 네덜란드의 ASML이다. ASML의 EUV 노광 장비는 2018년 삼성의 7nm 공정에 사용되며 처음으로 생산에 쓰이게 되었다. EUV 장비의 대당 가격은 1,800억 원 정도로 알려져 있는데 장비 한 대의 가격이 웬만한 중견 기업의 가치와 비슷하다.

한계에 다다르고 있는
소자 미세화

앞서 말한 바와 같이 소자 미세화는 소비자와 생산자에게 모두 이익이 되므로 60년 동안 끊임없이 지속되어 왔다. 특히 빠른 계산을 해야 하는 로직 칩들은 소자 미세화를 통해 더 빠른 스위치 동작을 실현하여서 성능의 증가라는 커다란 메리트를 얻을 수 있었다.

그러나 이렇게 소자 크기를 줄이는 것이 생각하는 것처럼 단순하고 간단히 이루어지는 일은 아니다. 앞 단원에서 말한 바와 같이 소자 미세화가 진행되기 위해서는 포토 리소그래피를 비롯하여 매우 많은 다양한 공정 기술이 준비가 되어야 한다. 사이즈가 작아질수록 소자를 제작하기는 더욱더 어려워진다. 작은 크기의 소자 제작을 위해서 박막을 쌓는 증착이나 쌓아진 박막에서 필요 없는 곳을 제거하는 식각도 어려워진다.

사이즈가 작아지므로 박막의 두께도 매우 얇아지는데 이와 같은 얇은 박막을 넓은 면적에 균일하게 덮는 것은 간단하지 않다. 100nm를 증착할 때 1nm의 차이는 1%의 균일도 문제이지만 10nm를 덮으며 1nm의 차이가 생기면 10%의 균일도가 차이가 된다. 또 수십nm 직경으로 작아지는 깊은 홀을 채우는 것도 쉽지 않다. 홀의 바닥과 벽과 위 모두 동일하게 덮다 보면 홀의 입구가 막히게 되어 홀 안쪽에 채워지지 않는 부분(void)이 생기기 때문이다.

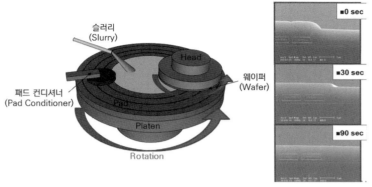

웨이퍼를 평탄화하는 CMP 기술

홀의 지름이 줄어들면 이러한 현상이 더더욱 쉽게 일어난다. 그래서 상황에 맞는 다양한 증착 방법이 필요해진다. 또한 식각의 경우도 깎아야 하는 박막이 얇아지면 고난도가 된다. 깎아야 하는 박막만을 선택적으로 정확히 깎아내야 하는데 얇은 박막에서 식각을 멈춰야 할 순간을 알아내는 것이 매우 어렵다. 그래서 원자층을 한 겹 한 겹을 벗겨내듯 깎는 식각(Atomic layer etching, ALE)도 개발 중이다.

또 소자가 작아지면 불순물 한 개가 미치는 영향도 소자가 클때에 비해 상대적으로 클 수밖에 없다. 그래서 이러한 불순물을 없애는 세정 공정도 매우 어려워진다. 증착과 식각이 반복될수록 표면을 평면으로 유지하기가 어렵다. 평면이 유지되지 못하면 포토 리소그래피를 진행할 때 빛의 초점을 맞출 수가 없다. 그러므로 다시 평면으로 만들어 주는 것이 필요하다. 그래서 만들어진 공정이 CMP(Chemical Mechanical Polishing)이다. 부드러운 융에 매우 고운 연마제를 묻혀서 물질의 구별 없이 똑같이 깎아내서 평면을 만드는 것이다. 이처럼 기존의 공정법들도 발전되어야 하고 새로운 공정법도 개발되어야지 지속적인 소자 미세화가 가능하다.

사이즈를 줄이는 소자 미세화만으로 성능을 향상시키던 시대는 2000년대 들면서 변화가 오기 시작했다. Dennard가 정리했던 사이즈의 감소를 통한 성능의 증가와 전력 소모의 유지는 소자의 크기가 100nm 이하로 작아지면서 잘 맞지 않고 틀어지기 시작했다. 첫 번째로 채널의 길이가 짧아지면 트랜지스터를 꺼도 전류가 완전히 줄어들지 않고 조금씩 새면서 흐르는 현상인 short channel effect가 악화되었다 또 MOS의 산화막이 얇아지면서 금속 게이트에서 반도체 방향으로 걸려있는 전장으로 인한 전류가 새는 현상(leakage current)도 점점 심각해져 갔다. 전류가 흐르는 것은 전력이 소모되는 것을 의미한다. 또 이렇게 소모된 전력은 열로 발생되므로 만들어진 칩은 더 뜨거워지게 된다. 온도가 올라가면 전하이동도가 감소하는 Si 반도체의 특성상 반도체 소자의 성능도 떨어진다.

이러한 이유로 성능을 높이기 위해서 크기를 줄이는 고전적인 방법과 함께 다른 방법을 같이 쓰기 시작했다. 첫 번째 사용한 것은 Si 채널을 잡아당기거나 밀어서 전류를 증가시키는 방법이었다. 전자가 흐르는 nMOSFET의 경우는 Si 채널을 전자가 흐르는 방향으로 잡아 늘이면 전자가 더욱 빨리 흐를 수 있다(전자의 전하이동도 증가). 홀이 흐르는 pMOSFET에서는 홀이 흐르는 방향으로 눌러서 압축하는 힘을 주면 흐름이 빨라진다.

이러한 변형(strain)에 의한 Si이나 Ge의 전하이동도 변화 현상(저항의 변화)은 완전히 새로운 것은 아니었다. 이미 압전 효과(piezoresistive effect)라는 이름으로 알려져 있었고 1950년 바딘과 쇼클리에 의해서 변형이 에너지밴드의 위치에너지를 바꿀 수 있다는 물리적 메카니즘이 설명되었다. 그래서 실리콘을 이용한 변형 측정 장치나 Strain transducer 등을 제품화하기도 하였다(1957년). 그러나 이러한 현상을 CMOS 기술에 사용하게 되리라고는 상상도 못하고 있었다.

반도체 소자 회사는 다음 기술 노드의 소자를 하기 위해 많은 실험을 한다. 2000년대 초 특정한 실험 샘플에서만 소자의 성능이 좋아지는 것을 발견하였다. 원인을 알아내기 위해서 다양한 조사를 하였는데 특정한 공정의 Si_3N_4 막을 위에 덮은 소자에서만 이렇게 성능 향상이 나타나는 것을 알게 되었다. 이 Si_3N_4 박막이 채널에 인장 응력(tensile stress)을 주어서 전자가 흐르는 방향으로 채널을 잡아 늘이면서 전자가 더욱 빠르게 흐르게 된 것이다.

또한 소스와 드레인의 Si에 Ge을 조금 넣으면 boron이 dopant 로 더 잘 작동하기 때문에 Ge를 조금 넣은 Si를 Si 대신 사용하 였다. 그러자 신기하게도 Si만을 사용했을 때와 비교하여 pMOS-FET 소자의 성능이 좋아지는 현상을 발견했다. 이를 주의 깊게 연구해 본 결과 소스와 드레인의 Si의 위치에 Ge을 약간 넣게 되 면 크기가 Si보다 큰 Ge 때문에 채널 방향으로 미는 힘이 발생하 고 이로 인해 홀의 전하 이동도가 높아지는 것을 알게 되었다. 이 렇게 채널에 인장응력이나 압축 응력으로 변형을 주어 성능을 향상시키는 방법을 스트레인 엔지니어링(strain engineering)이라 고 부른다. 이러한 기술을 2003년 90nm 기술 노드부터 적용하게 된다. 이처럼 엔지니어링에서는 실험에 의한 개선이 먼저 일어나 고 이론이 그것을 설명하게 되는 경우가 허다하다.

스트레인 엔지니어링 이후에 쓰인 다음 기술은 MOSFET의 산 화막을 고유전율 물질로 대체한 것이다. Dennard 법칙에 따라 소 자 미세화를 위해서 산화막의 두께를 계속 얇게 하여야 한다. 이 MOS의 산화막 유전 박막의 두께를 줄이는 것은 MOSFET의 문 제를 해결하는 만병통치약이었다. 두께를 줄이면 정전 용량이 높 아져서 전하 캐리어를 늘리고 MOSFET의 전류를 늘린다. 그러므로 산화막 유전 박막의 두께를 줄이면 더 빠른 스위칭이 가능하고, 더 좋은 스위치 제어 등 성능이 좋은 MOSFET이 되는 것이다.

그러나 이렇게 두께를 줄이면 치러야 하는 반대 급부가 있다. 유전 박막이 얇아질수록 그 막을 통과하는 누설 전류가 커지게 된다. 또 높은 전압이 걸리거나 오랜 시간 전압이 걸리면 산화막이 견디지 못하고 망가지는 문제(Dielectric breakdown)도 심각해진다. 2000년 초가 되면서 이 산화막으로 쓰이는 SiO_2의 두께는 1nm 정도가 되어야 했다. SiO_2의 분자 크기를 3~5Å로 봤을 때 이 두께는 SiO_2 분자 두 개나 세 개의 크기이다. 이렇게 얇은 SiO_2 유전 박막은 매우 큰 누설 전류를 통과시키게 된다.

필요한 것은 높은 정전 용량과 낮은 누설 전류였다. 이 두가지 필요를 동시에 만족시키기 위해 두꺼운 두께로도 높은 정전 용량을 가질 수 있도록 유전율(dielectric constant)이 큰 물질을 유전 박막으로 SiO_2 대신 쓰게 된 것이다. 이것을 고유전율 유전 박막(high-k dielectric)이라고 부른다. 2007년 45nm 기술 노드부터 SiO_2보다 유전율이 약 네 배가 큰 물질인 HfO_2를 대신 사용하게 되었다. 그래서 산화막의 두께를 두껍게 유지하면서도 높은 정전 용량 값을 갖도록 하여 적은 누설전류를 유지하면서도 채널 전류를 더 많이 흐르게 하는 것이 가능해졌다. 이와 함께 그동안

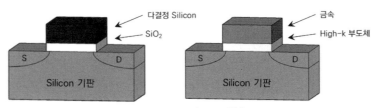

다결정 Silicon
SiO₂

금속
High-k 부도체

High-k metal gate 기술

다결정 실리콘인 폴리실리콘을 도핑해서 사용하던 게이트 금속을 Ti 계열의 금속들로 바꾸었다. 이로써 30년 이상 이어져오던 poly-Si/SiO₂/Si으로 이루어진 MOS에 Si 이외의 물질을 집어넣게 되었다.

2011년에 들어오며 MOSFET 구조에 다른 형태의 변화가 일어난다. 그간의 MOSFET은 채널이 Si의 표면을 이용하는 형태였다. 그러므로 전류의 크기를 결정하는 채널의 넓이는 표면의 넓이에 의해 제한될 수밖에 없다. 소자 미세화에 의해서 면적이 줄어들면 채널의 넓이도 같이 줄어들므로 전류가 줄어들 수밖에 없는 구조였다.

이 채널의 넓이와 Si 표면적의 넓이를 분리할 수 없을까? 바로 MOSFET의 채널을 상어의 윗 지느러미(Fin)처럼 세우는 것이다. 그러면 전류가 세워진 지느러미의 표면을 통하게 하는 것이다. 이렇게 하면 Si 표면적이 줄어들더라도 전류가 흐르는 표면의 넓이는 줄어들지 않게 된다. 그래서 이것을 FinFET 또는 지느러미의

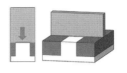
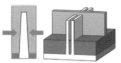

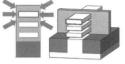

Planar FET
(하나의 채널면)

FinFET
(둘러싼 세면이 채널면)

GAAFET
(둘러싼 네 면이 채널면)

3차원으로 진화하는 MOSFET

양 옆과 위, 세면으로 전류가 흐른다고 하여 Trigate라고 부른다.

FinFET의 의의는 그동안 평면으로 구성되었던 채널이 입체적인 모양이 가능하다는 것을 보인 것이다. 뒤에 나타나게 될 Si판을 만들고 이를 게이트가 둘러싸는 형태의 채널을 갖는 Gate-All-Around FET도 FinFET의 출현에서 영감을 받은 것이다.

FinFET까지가 인텔의 황금기였다. FinFET 이후의 MOSFET 소자 기술은 TSMC나 삼성과 같은 파운드리가 선도적인 기술을 먼저 도입하고 쓰는 시대가 된다. 로버트 노이스와 고든 무어가 열었던 인텔의 시대가 40년 만에 저물어가고 있었다.

소자 미세화가 지속되지 못할 것이라는 이야기는 1μm 기술 노드부터 나오던 이야기이다. 고든 무어조차 1μm 기술 노드에 도달하면 '무어의 법칙'은 멈출 것이라고 생각했다고 한다. 물질은 분자라는 물질의 성격을 나타내는 최소 단위 이하가 될 수는 없다. 그러므로 소자의 크기가 분자의 크기 이하로는 절대로 내려갈

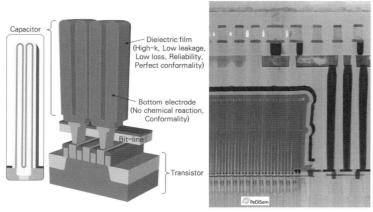

Stack형 DRAM(출처: (주) 페디셈)

수 없고 분자의 크기에 가까워질수록 우리가 생각하지 못했던 문제점이 발생할 수밖에 없다. 그러므로 소자 미세화가 지속되지 못한다는 것은 자명하다. 그러나 기술의 발전이 그 시점을 계속 지연시켜 왔고 정말로 소자의 크기가 분자 크기의 10배~100배가 되는 시점까지 와 있는 것이다.

저장 용량이 생명인 메모리는 소자 미세화를 통한 집적도의 향상이 기술 개발에서 가장 중요한 부분이다. 그런데 소자의 크기가 극단적으로 작아지며 메모리 역시 미세화에 어려움을 겪고 있다. 한 개의 MOSFET과 한 개의 축전기(capacitor)로 이루어진 DRAM 셀에서 면적이 작아지면 축전기가 차지해야 하는 바닥 면적도 같이 작아질 수밖에 없다. 축전기의 면적이 작아지면 저장

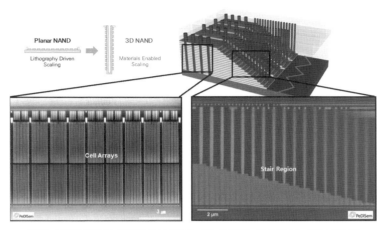

단위 소자를 옆으로 쌓아올려서 만드는 3D NAND 기술(출처: (주) 페디셈)

된 데이터를 읽을 때 데이터의 내용이 영향을 받을 수밖에 없다. 그래서 일정 정전 용량 이상이 되어야 한다. 작은 면적에 큰 축전 용량을 만들기 위해서는 축전기를 높게 세워서 바닥 면적은 작더라도 표면적을 크게 만들어야만 했다. 바닥 면적이 작아질수록 축전기의 높이는 계속 높아지고 있다. 이렇게 큰 종회비(aspect ratio)를 갖는 구조(stack 구조)를 만들고 그 구조물 안에 금속과 산화막을 균일하게 증착해서 축전기를 만들어야 하는 것이다. 소자 미세화가 거듭될수록 이 작업은 점점 더 어려워질 수밖에 없다.

비휘발성 메모리인 플래시 메모리 역시 커다란 어려움을 겪고 있다. 기본적으로 MOSFET에 금속 전극(floating gate)을 하나 더 삽입한 구조의 플래시 메모리는 소자 미세화에 아주 적합한 구조였다. 그래서 빠른 소자 미세화를 통해 집적도를 급격하게 증가시켜왔다. 한때는 1년에 용량이 두 배가 되는 규칙(일명 '황의 법칙')을 만들 정도로 빠른 집적도 향상을 보였다. 그러다 보니 물리적인 미세화의 한계를 가장 먼저 맞게 되었다. 그래서 나오게 된 것이 평면에 수평하게 놓여 있는 셀을 빌딩을 세우듯 3차원적으로 세우는 3D NAND 플래시 기술이다. 셀을 옆으로 세워서 쌓아 올린 형태인 3D NAND 플래시 메모리는 작게 만드는 리소그래피의 어려움을 증착과 식각의 어려움과 맞바꾼 것이라고 할 수 있다. 64소자, 128소자, 256소자 등 계속 쌓아 올릴 수 있으나

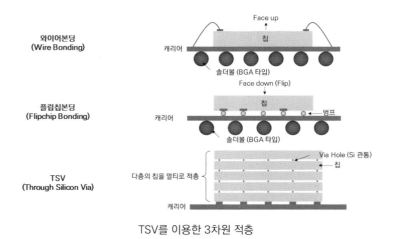

TSV를 이용한 3차원 적층

이렇게 만들 수 있는 식각과 증착이 가능해야만 하는 것이다.

로직 칩, 메모리를 막론하고 이렇게 소자의 집적화가 진행되어서 집적할 면적이 적어지다 보니 칩들을 3차원적으로 쌓아 올리고자 하는 노력도 시도되고 있다. 특히 스마트폰과 같은 모바일제품은 반도체 칩에 배분해 줄 수 있는 면적이 작다. 그러다 보니작은 바닥 면적 안에 여러 가지 기능을 함께 넣어야 했다. 로직칩 + 메모리, 로직 칩 + 모뎀, 메모리 + 메모리 등 다른 기능들의 칩을 포개서 만들려고 시도하고 있다. 집적회로 칩을 제조하면서 웨이퍼를 완전히 뚫고 구리 금속 선을 넣어 놓은 뒤 그 칩을 다른 칩 위에 붙이는 형태도 나타났다. 이러한 공정은 실리콘을 뚫고 통로를 만든다고 하여 Through Silicon Via(TSV)라고 부른다. 3차원 집적은 이외에도 다양한 방법으로 시도되고 있으며 팹과 패키지에서 동시에 벌어지고 있다.

반도체 산업에 대해서

반도체 산업은 매우 다양한 기업군으로 이루어져 있다. 일반적으로 반도체 산업으로 분류되고 있는 회사의 종류도 종합 반도체 회사, 팹리스, 파운드리, 패키징 회사, 테스트 회사, 반도체 장비 회사, 반도체 소재 회사 등 매우 다양하다.

우리가 현재 구분하고 있는 반도체 산업의 구도는 폰노이만으로부터 출발했다고 생각해도 될 것이다. 폰노이만 아키텍처는 비단 컴퓨터뿐 아니라 많은 전자 제품에도 적용이 되었다. 전자 제어가 필요한 많은 전자 제품도 제어와 연산을 할 수 있는 프로세서와 데이터와 프로그램을 저장하는 메모리로 구분된 폰노이만 아키텍처를 이용하여 만든다.

메모리는 쓰임새가 정해져 있다. 그러다 보니 만드는 구조가 크게 차이가 나지 않는다. 비유하자면 아파트로 볼 수 있다. 약간의 차이는 있겠지만 쓰임새가 같다보니 쓰이는 제품에 따라 메모리가 크게 다르지 않다. 반면 프로세서는 쓰이는 제품에 따라 달라진다. 스마트폰에 쓰이는 프로세서와 컴퓨터, 자동차 등에 쓰이는 프로세서는 각각 다를 수밖에 없다.

이와 같은 프로세서들은 앞에서 말했듯이 로직 칩이라고 불리는 것들로 스위치 소자를 집적하여 회로를 만드는 것이다. 어떤 칩은 스마트폰에 필요하고 어떤 칩은 냉장고에 필요하고 어떤 칩은 TV의 디스플레이를 구동하는 데 필요하다. 각각의 칩은 쓰임

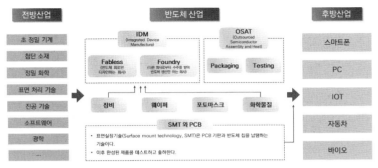

반도체 산업의 분류

새에 따라 단위 소자의 배치와 구성이 다 달라야 한다. 소품종 대량 생산의 메모리와는 달리 다품종 소량 생산이라고 볼 수 있다. 이러한 로직 칩들을 건물에 비유하자면 다양한 일반 건축물들이라고 생각할 수 있다. 공장, 창고, 사무용 빌딩, 체육관 등은 다 다른 기능을 갖고 있으므로 다르게 설계하여야 한다. 그래서 메모리와는 달리 회로 설계가 매우 큰 비중을 차지한다.

처음 폰노이만 아키텍처가 나오고 컴퓨터를 만들기 시작했을 때는 제품의 수가 그렇게 많지 않았다. 그리고 컴퓨터를 능가하는 복잡함이나 시장성을 갖는 제품들도 없었다. 그래서 반도체 회로의 설계와 제조를 같이 하는 회사가 대부분이었다. 이런 회사를 종합 반도체 회사(Integrated Device Manufacturer, IDM)라고 부른다. 제품의 종류가 많지 않은 메모리는 아직도 이렇게 회로 설계와 제조를 함께 하는 종합 반도체 회사로 유지되고 있다. 우

VS

팹리스와 파운드리는 도시 계획의 설계와 토목 시공에 비유할 수 있다.

리나라의 삼성과 SK하이닉스도 메모리 부분의 IDM이다. 또 로직 반도체 칩의 태두였던 인텔도 현재까지는 IDM을 유지하고 있다.

그러나 2000년대에 들어서며 인텔을 제외한 다른 로직 회사들은 전략을 바꾸기 시작했다. 제품군이 다양해지며 스마트폰과 같이 시장성이 큰 제품들이 여럿 나타나면서 회로 설계와 제조의 분리가 일어난 것이다. 반도체 칩의 설계만을 맡는 회사를 팹리스(fabless)라고 부르고 설계를 받아서 제조를 대신해 주는 회사를 파운드리(foundry)라고 부른다. 팹리스와 파운드리는 비유하자면 도시계획을 하는 설계회사와 공장, 빌딩, 주택, 교량 등 다양한 건축물을 만들 수 있는 능력을 가진 건설회사로 생각하면 된다. 설계회사는 건설회사가 지을 수 있는 건축물을 어디다 어떻게 만들고 도로와 전선을 연결할지를 정해준다. 과거의 유명했던 종합 반도체 회사들도 하나, 둘 팹을 분리해내면서 팹리스로 탈바꿈하였다. CPU를 만들던 AMD, IBM, 모토롤라 등이 그들이다.

그 밖에도 퀄컴, 엔비디아와 같이 반도체 회로 설계만 전문으로 하는 회사들도 생겨났다. 애플이나 테슬라도 자신들의 제품을 위해서 반도체 칩 설계를 직접 하기 때문에 팹리스로 구분할 수 있다.

이러한 팹리스들의 출현에는 파운드리의 급성장이 배경이 되었다. 앞에서 말한 바와 같이 반도체 소자는 소자 미세화를 통해 성능을 높여왔다. 이와 같이 새로운 기술 노드로 제품을 만들 수 있게 하기 위해서는 많은 연구비가 드는데 이 비용이 미세화가 진행될수록 천문학적으로 올라가기 시작했다. 또 팹을 운영하면서 제품을 생산하는 데는 재료비와 인건비 등 많은 운영비가 들어간다. 이렇게 팹을 운영하는 비용이 증가하면서 이것을 감당할 만한 회사가 적어졌다. 시장이 크지 않아서 이러한 비용을 벌어들일 수 없는 제품군을 만드는 회사들은 이러한 비용을 감당하면서 새로운 기술 노드를 개발할 수 없었다. 그래서 회사 내에 자체 팹을 운영하면서 수익을 내는 것은 불가능해졌다.

이 상황을 해결해 준 것이 파운드리라 불리는 비지니스 모델의 등장이었다. 파운드리는 설계를 가져오면 제품을 대신 제조해 주는 회사이다. 여러 회사로부터 의뢰받은 제품을 같이 생산하여서 규모의 경제를 실현할 수 있었고 새로운 기술 노드 개발을 위한 비용을 마련할 수 있었다. 물론 한 팹에서 여러 가지 제품을 만들어야하는 복잡함이 있지만 충분한 물량을 확보하여 팹을 안정적으로 운영할 수 있었다. 파운드리의 등장과 함께 시장이 크지 않은 제품군을 가졌던 IDM들은 자신의 팹을 포기하고 앞다투어 파운드리에서 제품을 만들기 시작하였다.

이 파운드리 모델을 성공시킨 데에 꼭 언급해야 할 사람은 대표적인 파운드리 회사인 대만의 TSMC(Taiwan Semiconductor Manufacturing Company)를 만든 모리스 창(Morris Chang, 1931~) 박사이다. MIT 학사, 석사, 스탠퍼드 박사에 빛나는 모리스 창 박사는 1931년 중국에서 태어나 미국으로 이민한 사람이었다. 창 박사는 20년 동안 TI에 근무하며 반도체 산업의 속성을 파악하였다. 타이완으로 초청되어 일하게 된 창 박사는 본인이 생각하고 있던 파운드리라는 비지니스 모델을 실현하기에 타이완이 적합한 곳이라고 생각하고 56세의 나이인 1987년 TSMC를 설립한다. 그 후 약간의 부침은 있었으나 TSMC는 팹리스-파운드리 산업 구조를 정착시키며 많은 종합 반도체 회사를 팹리스로 전환하게 만들었다. 현재는 로직회사 중 마지막으로 남은 종합반도체 회사인 인텔마저도 파운드리 사업을 고려할 정도로 파운드리의 중요성은 높아지고 있다.

스마트폰과 같은 모바일 제품의 성장으로 시장성이 큰 제품의 종류가 매우 증가하였고 설계의 복잡성도 높아졌다. 또한 인공지능, 자율 주행 등 향후에도 더욱더 많은 제품군이 등장하고 반도체 설계는 점점 더 전문적인 영역이 될 것이다. 그러므로 파운드리의 수요는 계속 증가할 것으로 보인다.

현재 5nm, 3nm 기술 노드와 같은 최첨단 기술 노드의 제품을 생산할 수 있는 파운드리는 대만의 TSMC와 한국의 삼성전자 두 곳밖에 없다.(최근 들어 인텔도 파운드리 사업을 하기로 결정하여서 세 회사가 되었다.) EUV의 사용 등 최첨단 기술 노드를 개발하기 위해서 천문학적인 돈이 들어가기 때문에 다른 파운드리 기업이 쉽사리 들어올 수 없는 것이다.

세계 3,4위의 파운드리인 글로벌파운드리(GlobalFoundries)는 AMD의 팹부분을 2009년 스핀오프해서 만든 회사이다. 이 회사마저 2018년 7nm 기술 노드의 개발을 취소시킬 정도로 최첨단 기술 노드의 개발은 많은 돈이 들어가는 위험성이 큰 사업이다. 이전에 이야기하였듯이 최첨단 공정은 칩의 성능을 높여주고 이러한 높은 성능은 새로운 제품의 생산으로 이어진다. 그러므로 고성능 신제품의 제조는 대만이나 한국에서 해야만 하는 상황이 된 것이다. 이것은 산업적으로나 군사적으로 미국이 받아들이기 어려운 상황이다. 그래서 2021년 2월 미국의 바이든 대통령은 반도체 산업 등에 대한 공급망을 분석하고 대책을 마련하라는 행정명령을 내린다. 그후 미국 내에 첨단파운드리를 만들어야 한다는 결론을 내리고 TSMC와 삼성에 미국 내에 팹 건설을 유도했다.

메모리 산업은 이전에도 이야기했듯이 설계의 중요성이 로직 칩보다는 낮았다. 그래서 대부분의 회사가 종합반도체회사의 형태로 발전하였다. 1970년대 초 DRAM은 상품화되자마자 어마어마한 인기를 끌며 단일품목으로 가장 큰 시장을 가진 반도체 제품이 되었다. 페어차일드반도체사, 인텔, IBM등 미국 반도체 회사들이 대부분을 생산하고 있던 DRAM 메모리 시장에 변화가 발생한 것은 1970년대 중반부터였다.

시장의 성장 가능성을 본 일본 정부가 1976년부터 반도체 산업에 전략적으로 투자를 시작했다. 후지쯔, 히타치, 미쯔비시, NEC, 도시바 등의 회사로 컨소시움을 만든 것이다. 공동으로 64K DRAM에 필요한 기술을 개발하여 미국 회사를 따라잡도록 한 것이다. 이와 같은 노력과 더불어 대규모 인력과 자본 투자라는 반도체 산업의 속성을 일본 기업들은 잘 파악하고 있었다. 1971년 1K DRAM을 인텔에서 만들 때 단 두 명의 엔지니어가 개발을 하였다.

여기서 1K는 1kilobyte를 말하고 1byte는 영숫자를 나타낼 수 있는 8개의 bit(0과1 중 하나를 저장하는 단위)를 의미한다. 즉 1천자 정도의 문자를 기록할 수 있는 용량이 1K DRAM이다. 그런데 일본은 50여 명의 엔지니어를 동원하여 개발하도록 하였다. 4K DRAM은 100명이 넘는 인력을 동원하여 세 명에 불과했던 미국 기업을 빠르게 따라잡는 전략을 취했다.

또한 후발 주자의 한계를 대규모 투자로 극복하였다. 컨소시움을 통해 고순도의 재료와 앞선 장비를 개발하였고 수율에 중요한 클린룸과 자동화 등에 집중 투자하였다. 그 결과 1970년대 말에 시장에서는 일본의 제품이 미국의 제품에 비해 품질이 높아서 망가지는 비율이 낮다는 이야기가 나오기 시작했다.

1981년도 64K DRAM 시장에서는 전체의 70%가 일본 기업의 제품이 되었다. 반도체 소자 산업은 승자가 독식을 하는 특성이 있다. 같은 제품을 만드는데 기술과 수율의 차이로 가격의 차이가 발생하게 되고 비싸게 만든 회사는 돈을 회수할 수 없어서 다음 기술 노드에 투자를 할 수가 없게 된다.

일본 기업은 수율과 품질에서 차이를 보이며 가격경쟁력을 갖게 되었고 미국 메모리 기업들은 사업을 포기해야 하는 상황으로 몰리고 있었다. 1978년 70%였던 미국의 메모리 시장점유율은 1986년 20%로 떨어졌다. 같은 기간 일본의 기업은 30%에서 75%

순위	2020	2018	2017	2011	2006	2000	1995	1992	1990
1	Intel	Samsung	Samsung	Intel	Intel	Intel	Intel	NEC	NEC
2	Samsung	Intel	Intel	Samsung	Samsung	Toshiba	NEC	Toshiba	Toshiba
3	TSMC	SK Hynix	TSMC	TSMC	TI	NEC	Toshiba	Intel	Hitachi
4	SK Hynix	TSMC	SK Hynix	TI	Toshiba	Samsung	Hitachi	Motorola	Intel
5	Micron	Micron	Micron	Toshiba	ST	TI	Motorola	Hitachi	Motorola
6	Qualcom m	Broadcom	Broadcom	Renesas	Renesas	Motorola	Samsung	TI	Fujitsu
7	Broadcom	Qualcom m	Qualcom m	Qualcom m	Hynix	ST	TI	?	Mitsubishi
8	Nvidia	Toshiba	TI	ST	Freescale	Hitachi	IBM	Mitsubishi	TI
9	TI	TI	Toshiba	Hynix	NXP	Infineon	Mitsubishi	?	Philips
10	Infineon	Nvidia	Nvidia	Micron	NEC	Philips	Hyundai	?	Matsushit a

연도별 매출에 따른 전세계 톱10 반도체 회사

로 높아졌다. 이렇게 되자 미국 정부는 자국 산업을 보호하기 위해 일본을 상대로 압박을 가하는 무역전쟁을 일으킨다. 1986년 1차 미일 반도체 협정, 1991년 2차 협정으로 일본 기업의 미국 내 반도체 수출을 제한하여 자국 기업을 보호하려고 하였다.

그러나 승자는 엉뚱하게도 다른 기업이 되었다. 한국의 기업들이 메모리의 최고 기업으로 올라선 것이다. 위의 표에서와 같이 1990년도에 톱10 반도체 회사에 여섯 개 기업이나 포함되어 있었던 일본은 2020년에 단 하나의 기업도 남지 않고 밀려난다. 그 자리를 우리나라의 삼성과 SK하이닉스가 미국의 Micron과 함께 차지한 것이다. 일본 기업의 실패는 일본 기업이 미국을 이길 때와 매우 유사했다. 기술에 대한 자만심과 높은 수율을 위한 기술은 오히려 생산비를 높이며 때마침 커진 개인용 컴퓨터용 메모리 시장에서 가격경쟁력을 상실하게 만들며 주도권을 한국 기업에 넘겨주게 된 것이다.

다시 산업 분류로 돌아와서 반도체 산업에는 팹을 통해 만들어진 웨이퍼들을 다이별로 잘라서 패키징하고 잘 작동하는지 테스트하는 기업들도 있다. 이와 같은 일들은 주로 반도체 제조 회사가 외부의 다른 회사에 외주를 주게 된다. 그래서 이들을 외주 조립 테스트 기업(outsourced semiconductor assembly and test, OSAT)이라고 부른다. 최근에는 여러 칩을 패키징 단계에서 결합하여 복잡한 시스템을 작은 면적 안에 만드는 일이 많아지면서 이런 기업들의 중요도가 과거에 비해 올라가고 있다.

반도체 집적 제조 공정을 가능하게 해주는 장비와 소재를 만드는 기업들도 큰 산업군을 이루고 있다. 소자 미세화로 제조 공정의 난이도가 올라가며 장비도 더욱 다양하고 복잡해졌으며 가격도 매우 비싸졌다. 많은 사람이 반도체 소자를 잘 만드는 우리나라가 왜 반도체 장비와 소재는 잘 못하는지를 물어온다. 그때 내 대답은 간단하다. 첨단 반도체 장비와 소재를 만드는 것이 소자를 잘 만드는 것보다 훨씬 더 기술적으로 어렵기 때문이다. 산업의 발전 단계로 더 나중에 발전할 수밖에 없는 산업이다.

어느 나라나 산업의 발전을 보면 TV, 냉장고를 만드는 것과 같은 노동집약적인 세트 제조업을 먼저 한다. 그 후 기술과 자본이

쌓이면 그 세트 안에 쓰이는 반도체나 디스플레이와 같은 부품을 만든다. 그 이후에 그러한 부품을 만들 때 필요한 장비와 소재를 만드는 것이다. 그럴 수밖에 없는 것은 이 산업들이 더욱더 다양한 종류의 기술적인 인력이 필요한 반면 시장 규모가 상대적으로 작기 때문이다. 그래서 후발국가들이 발전시키기가 더 어려운 산업이다.

앞에서 이야기한 EUV 장비만 하더라도 반도체 소자와 공정을 이해하면서도 광학, 정밀 기계, 에너지 등 다양한 방면의 최고 수준 연구자들이 필요하다. 소자 산업에서 새로운 기술 노드를 개발하는 것은 매우 어려운 일이다. 그러므로 새로운 소자 기술을 개발하기 위해서 소자업체들은 새로운 장비와 소재, 부품의 도움을 받아야 한다. 나도 모르는 길을 가려할 때 누구의 도움을 요청할까? 당연히 경험이 많고 그동안 가장 잘해왔던 사람한테 일 것이다. 반도체 소자의 개발도 세계적으로 최고로 입증된 장비, 소재 업체들과 협업을 통해 개발하고 싶어 한다. 그러므로 후발로 뛰어든 우리나라의 소재, 부품, 장비 기업들이 참여하기가 쉽지 않은 것이다. 한마디로 기술적으로 더 어렵고 산업 구조적으로 더 선진 산업이어서 아직 우리나라 산업이 덜 성장한 것이다.

그러나 우리나라 소재, 장비, 부품 회사들도 그동안 많은 발전을 이루었다. 그래서 세계 1위에 올라선 제품을 보유한 회사들도 나타나고 있다. PSK 와 같은 회사는 포토 리소그래피에 쓰인 포토레지스트를 제거하는 PR 스트립 장비에서 전세계 마켓 쉐어에서 크게 앞서는 1위를 하고 있다.

장기적으로 중국은 어떤 희생을 치르더라도 반도체 소자 산업에 참여할 것이다. 현재 세계 생산량의 32%(2017년 기준)를 쓰고 있는데 대부분을 수입에 의존하는 상황에서 당연한 선택이다. 자급률을 2020년까지 40%, 2025년까지 70%로 올리겠다는 중국 제조2025 계획은 이미 실패한 것으로 보인다. 미국의 견제로 앞으로도 쉽지 않을 것이나 반도체 소자 산업은 중국이 포기할 산업이 아니다. 그렇다면 메모리에서 압도적인 1위를 달리고 파운드리에서도 상당한 마켓 쉐어를 갖고 있는 우리나라 반도체 소자 산업도 일정 수준 타격을 입을 것이다. 이러한 상황에서 국가 전체 산업을 위해서는 더더욱 고부가가치인 소재, 부품, 장비 산업을 발전시켜야 하고 그렇게 투자를 해야 할 시점이다.

이와 같이 많은 종류의 기업이 반도체 산업에 있다. 그러다 보니 모두 반도체를 한다고 하지만 서로의 일을 전혀 이해하지 못하는 경우도 상당히 많다. 예를 들어 회로 설계를 하는 사람과 소자 공정을 하는 사람들은 서로의 일을 잘 모른다. 마치 같은 잔디 위에서 경기하지만 축구를 하는 사람과 투포환을 하는 사람이 만나는 것 같이 서로의 일이 낯설다. 그렇게 서로를 몰라도 산업이 돌아가며 제품을 만들 수 있는 것은 그 사이사이를 메워 주는 인터페이스 시스템(예를 들면 CAD나 공정 simulation 툴 등)이 크게 발전되어 있기 때문이다.

새로운 전쟁터,
이종집적 기술

평면에 소자들을 집적하고 배선을 위로 올리는 집적 소자에서 여러 소자 층을 갖는 3차원 집적이 필요하게 되었다는 이야기를 앞에서 하였다. 킬비와 노이스의 집적 소자가 발명된 이래 반도체 소자는 Si 웨이퍼 내 Si을 채널로 이용하여 만들어진 한 층의 소자들을 여러 층의 금속 배선들로 연결하는 방법을 이용하여 제조되어 왔다. 그러나 여러 층의 소자 층을 수직 방향으로 쌓아 올리는 집적이 필요하게 된 것이다.

최근 이러한 3차원 집적이 크게 각광을 받게 된 것은 반도체 소자의 사용처가 다양해진 데 기인한다. 개인용 컴퓨터가 거의 유일한 거대 시장이었던 과거에는 소자의 종류가 단순했다. CPU와 메모리 소자 정도로 거의 대부분의 시장이 이루어졌다. 그러나 최근에 들어서며 스마트폰과 같은 모바일 통신 시장이 크게 성장했으며 에어팟, 갤럭시 버드, 애플워치 등 웨어러블 제품 시장과 가전제품도 반도체 소자의 거대 사용처가 되었다.

또한 메모리와 로직(CPU, NPU 등) 이외에도 통신 소자, 전력 관리 소자, 이미지 센서 등 소자의 종류도 매우 다양해졌다. 사용처가 다양해지면서 공간적 제약 안에서 다양한 기능과 높은 성능을 집어넣어야만 하는 요구가 생겼다. 다양한 기능을 집어넣는 방법으로 전통적으로 많이 사용하던 방법은 전공정 기술을 이용해 한 칩에 집적하고 배선을 하는 System-on-Chip(SoC)의 방

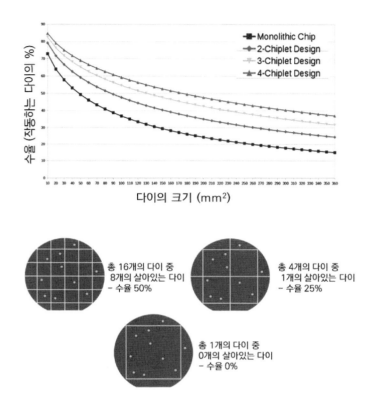

다이의 크기가 커지면 결함에 의해 다이가 작동하지 않을 확률이 커져서 수율이
내려가게 된다.

법이었다. 한마디로 땅 넓이를 넓히고 그 안에 모든 것을 다 넣어서 만드는 것이다. 그렇게 하기 위해서는 어쩔 수 없이 다이를 크게 만들어야 한다.

반도체 제조에서 다이의 크기가 커진다는 것은 한 웨이퍼에 만들 수 있는 칩의 수가 줄어들고, 웨이퍼에 동일 수의 제조 결함이 생긴다는 가정 아래 정상 작동하는 칩의 수가 현격히 줄어든다는 의미이다. 즉 칩의 크기에 반비례해서 수율이 낮아지는 것이다.

또한 칩 안의 각각의 기능들을 14nm, 32nm 등 다른 기술 노드에서 만들 수 있음에도 SoC로 한 칩으로 만들면 그중 가장 첨단의 공정을 사용해야만 한다. 첨단 공정은 비용이 높으므로 제조 비용이 올라가는 문제도 발생한다.

이러한 SoC의 단점을 극복하는 방법으로 제시된 것이 칩렛(chiplet) 기술이다. 칩렛 기술은 기존 칩에서 필요한 각각의 기능을 분리하여 작은 면적의 칩(칩렛)으로 따로 제조하고 칩렛 기술을 통해서 하나의 칩으로 만드는 것이다. 최근에는 하나의 칩을 여러 개로 분리하여 제조 후 하나의 패키지로 합하는 기술뿐 아니라 서로 다른 두 개의 칩을 하나로 패키징하는 기술 또한 칩렛 기술에 포함한다. 종합하면 시스템을 하나의 큰 칩 안에서 만드는 것(SoC)이 아니고, 작은 칩들을 모아서 하나의 패키지 내에서 만드는 것(System-in-Package, SiP)을 말한다. 이러한 칩렛 기술을 포함하여 다른 종류의 칩들을 붙이는 방법을 통칭하여 이종집적(Heterogeneous Integration)이라고 부른다. 그러므로 이종집적에는 매우 많은 방법이 있다.

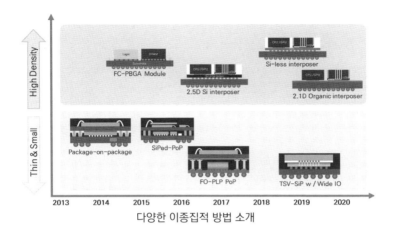

다양한 이종집적 방법 소개

이종집적이 최근 들어 더욱 중요하게 된 것은 파운드리 산업의
비즈니스 영역이 더욱 커졌기 때문이다. 이전까지 파운드리의 경
쟁력은 앞선 기술 노드를 빨리 개발하고 수율을 높여서 제 때에
고객인 팹리스에게 칩을 전달하는 것이었다. 그러나 최근 들어
파운드리의 역할은 단순히 칩을 위한 다이를 만드는 것을 넘어서
패키징된 반도체 소자의 최종 크기, 모양, 실제 사양까지 고려하
여 해법을 만들어 주는 것으로 진화하고 있다.

이러한 변화를 처음으로 이끈 것은 파운드리의 강자 TSMC였
다. TSMC는 2016년 상용화한 InFO WLP(Integrated Fan Out Wa-
fer Level Package)라는 기술을 바탕으로 팹리스의 최고 고객인 애
플의 Application Processor(AP) A10을 단독 생산하게 된다. 일반적

으로 팹리스는 한 파운드리에서 제품을 생산하는 것을 꺼려 한다. 한 파운드리에서 생산할 경우, 그 파운드리에서 생기는 문제가 자신의 회사 제품 생산 문제로 직결이 되어 대처하기가 쉽지 않기 때문이다. 또한 그 파운드리에 끌려다니게 된다는 점도 단독 생산을 꺼리는 이유 중 하나이다. 이러한 점에서 InFO WLP 기술로 TSMC가 단독 생산하게 된 것은 큰 사건이었다. 패키징(후공정)이 파운드리의 사업의 강점이 될 수 있다는 것을 보여준 것이기 때문이다.

WLP는 원래 만들어진 웨이퍼를 자르지(dicing) 않고 칩을 보호하고 열을 발산시키는 몰딩과 다이 외부로 전기 신호나 전력을 보내고 받는 패키징 단계에서의 배선과 범프(bump)를 만드는 패키지 기술이었다. 외부로 신호를 보내기 위해 사용하던 와이어 대신 다이 위에 금속 범프를 만들어서 사용하므로 최종 제품의 부피나 두께를 줄일 수 있을 뿐 아니라 증가하는 I/O(Input/output)를 대응할 수 있고 지연 시간을 줄일 수 있는 매우 좋은 방법이다. 그리고 웨이퍼를 자르기 전에 패키지를 하고 자르기 때문에 다이와 패키지의 크기는 동일하게 된다.

범프는 상대적으로 저온에서 녹는 금속으로 만들어진 작은 돌기로 패키지된 칩을 기판이나 다른 칩과 전기적 연결을 이루어주는 접점이다. 범프는 어느 정도의 금속 양이 필요하므로 부피와

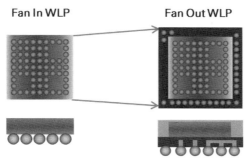

Fan In WLP와 InFO WLP의 비교

면적이 클 수밖에 없고 작은 다이 위에 만들어야 하므로 그 수를 늘리는 데 한계가 있다. 즉 I/O의 수를 늘릴 수가 없으므로 칩간에 신호를 주고받는 대역폭(bandwidth)을 크게 할 수가 없다

이와 같이 장단점이 뚜렷한 기존의 WLP를 개량하여 단점을 없애고 장점을 극대화한 것이 팬 아웃 웨이퍼 레벨 패키징(FOWLP) 기술이다. 이 중 TSMC의 InFO 기술이 가장 대표적인 FOWLP이다. InFO는 다이를 먼저 자른 후 캐리어에 다이를 벌려서 재배치하여 붙이고, 이후 폴리머 몰딩으로 사용할 수 있는 다이 면적을 넓힌 후 범프를 만드는 방법이다. 다이에서 범프로 전기 신호를 전달해야 하므로 다이에서 나온 전기 신호가 갈 수 있는 길을 구리 배선(Redistribution Line, RDL)으로 제조한다. 이렇게 전공정에서 사용하던 것과 비슷한 기술들을 사용하여 WLP의 작은 두께, 부피의 장점을 살리며 외부로 전기 신호가 나갈

수 있는 길을 많이 만들어 준 것이다.

이 기술을 이용하여 애플은 자신이 원하던 얇은 두께와 높은 전기 신호 밀도, 발열 문제를 해결한 최종 반도체 칩을 만들 수 있게 되었다. 이 InFO 기술의 성공은 파운드리 사업 영역이 단순히 전공정 다이를 생산하여 패키지 회사로 넘기는 데까지가 아닌 최종 패키지 제품의 문제를 해결해 주는 곳까지 넓어졌다는 것을 보인 이정표가 되었다. 성능 좋은 반도체 소자를 만들기 위한 기술 노드의 발전이 지체되는 상황에서 파운드리 회사의 경쟁력을 나타내는 새로운 지표가 된 것이다.

현재 이종집적은 고객의 다양한 최종 제품에 대한 요구를 만족시킬 수 있는 도구로 많은 후보 기술들이 제안되고 있다. 다층의 배선이 되어있는 고분자 기판(substrate)을 실리콘 기판으로 대

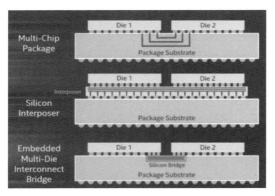

Interposer, TSMC의 LSI, 인텔의 EMIB

체하여 여러 개의 다이를 붙이는 실리콘 인터포저(interposer)나 더 작은 배선된 실리콘 기판을 두 다이를 접합하는 매개로 사용하는 방법들(TSMC의 Local Silicon Interconnect, LSI나 인텔의 Embedded Multi-die Interconnect Bridge, EMIB)도 이러한 후보 기술들이다. 이런 매개를 사용하여 여러 다이를 접합하는 것을 완전한 3D와 구별하기 위해서 2.5D라고 부르기도 한다.

이종집적에서 중요한 것은 각각의 다이들이 높은 전기 신호 밀도(높은 I/O)를 갖고 접합되어야 한다는 점이다. 이종집적의 전기 신호 연결 밀도가 전공정 칩을 연결하는 Cu 배선의 밀도와 비슷해진다면 여러 개의 칩렛을 만들어서 붙여도 전공정을 통해 하나의 칩으로 만드는 것과 같아진다는 것을 의미한다. 이는 잭 킬비와 로버트 노이스의 평면 집적회로가 만든 반도체 집적 공정의 틀을 바꿔 놓는 거대한 혁명이 될 것이다.

전기 신호 밀도를 이처럼 높이기 위해서는 두 다이가 이어지는 접점의 밀도가 높아야 한다. 그러나 지금까지 접점으로 사용하고 있는 범프의 면적은 그러한 목표를 달성하기에는 너무 크다. 기존 범프의 사이즈를 줄인 마이크로 범프(micro bump)도 나왔으나 아직까지는 갈 길이 멀다. 그래서 주목을 받고 있는 기술이 하이브리드 본딩(Hybrid bonding) 기술이다. 하이브리드 본딩은 범프 없이 Cu 배선의 패드끼리 직접 붙이는 기술이다. 다이를

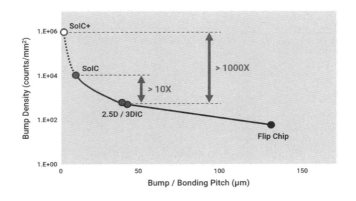

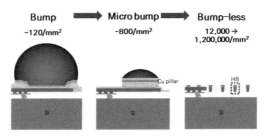

하이브리드 본딩은 전기신호 밀도를 크게 올릴 수 있는 기술이다(출처: TSMC)

만드는 배선 공정이 마무리되면 표면은 전기 신호가 나오는 Cu 패드와 전기를 흐르지 않도록 막고 있는 절연물질로 구성되게 된다. 붙이고자 하는 다른 다이도 거울로 보는 것과 같이 동일한 구성과 모양이 될 것이다.

이 두 다이를 절연 물질은 절연 물질과 Cu패드는 Cu패드와 각각 붙이는 것이다. 이렇게 두개의 다른 물질을 각각 붙인다 하여

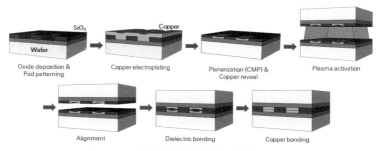

Ziptronix가 개발한 하이브리드 본딩의 순서도

하이브리드 본딩이라고 부른다. 이것도 세부적으로는 여러 가지 방법이 제안되었으나 최근 각광을 받고 있는 것은 Ziptronix라는 회사가 제안한 방법이다. 먼저 절연 물질을 플라즈마를 이용해 접합이 잘되는 상태로 바꾼 후 정렬하여 붙이고 그 후 온도를 높여서 Cu 패드를 붙이는 방법이다. Cu의 열팽창률이 절연 물질인 SiO_2 막보다 높은 점을 이용한 것이다.

CPU에서 인텔의 경쟁자인 AMD는 2021년 1월 TSMC의 하이브리드 본딩기술을 이용하여 SRAM을 접합한 제품(AMD 3D V-cache)을 만들었다고 발표했다. 최근 다시 파운드리 사업을 시작하기로 한 인텔도 2021년 7월 자신들의 이종집적 기술의 이름인 Foveros direct를 통해 하이브리드 본딩이 가능하다는 발표를 하였다. 이처럼 하이브리드 본딩은 전기 신호 밀도를 높일 수 있는 궁극의 기술로 치열한 기술 경쟁이 벌어지고 있다.

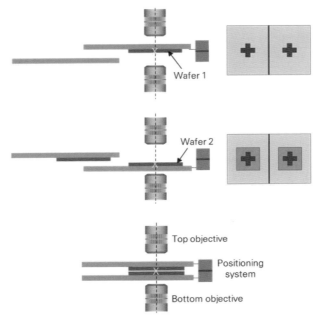

현재 사용하고 있는 EVG 사의 Smart View 정렬 기술

하이브리드 본딩 기술에는 웨이퍼-to-웨이퍼(W2W) 접합, 다이-to-다이(D2D) 또는 다이-to-웨이퍼(D2W) 접합 방법이 있다. W2W 접합은 스마트폰의 카메라에 사용되는 CMOS Image Sensor(CIS)나 Flash memory에서 Cell과 주변 회로를 붙이는 적층에 이미 적용되어 쓰이고 있다. W2W 하이브리브 본딩은 적용될 수 있으나 제약 조건이 있다. 다이의 크기가 같으며 수율이 매우 높은 두 다이의 접합에 쓰여야 한다. 수율이 높지 않은 웨이퍼들을

W2W로 붙인다면 작동하지 않는 다이와 작동하는 다이가 붙어도 제품은 작동하지 않게 되므로 수율은 더욱 떨어지게 된다. 그러므로 이종집적의 경우에는 작동하는 다이를 전기적 테스트를 통해 찾은 후 접합하는 D2D 또는 D2W로 접합하는 것이 바람직하다. W2W 접합 장비는 이미 양산 수준의 개발이 되었고, D2D 또는 D2W 접합은 최근 장비 개발이 시작되고 있다.

하이브리드 본딩의 전기 신호 밀도를 높이기 위해서는 Cu패드를 작게 만들어서 밀도를 높여서 접합하여야 한다. 그러나 두 다이의 서로 바라보는 면을 정밀하게 정렬하는 것은 매우 어렵다. 다이가 투명하지 않으므로 정렬 정확도를 높이는 데 한계가 있다. Cu 배선의 밀도로 I/O의 밀도를 높이기 위해서는 이와 같은 기술의 지속적인 개발이 필요하다.

패키징을 의미하는 후공정은 전통적으로 쉬운 기술로 가격을 싸게 하는 것을 경쟁력으로 여겨 왔다. 그래서 비용이 높은 기술의 사용을 의도적으로 피해왔다. 그러나 앞에서 이야기한 바와 같이 파운드리 산업에서 기업의 중요한 경쟁력의 하나가 되었다. 그래서 전공정에서 쓰던 기술뿐 아니라 기존에 존재하지 않았던 기술을 사용해서라도 고객의 문제를 해결하려는 시도가 이뤄지고 있다. 다양한 기술을 포트폴리오로 갖기 위한 파운드리 간의 경쟁이 치열하게 일어나고 있다. 기존의 OSAT가 전담해오던 분야가 아닌 파운드리가 새롭게 개척해 나가는 부분이 된 것이다. 새로 시작된 첨단 반도체 패키징 분야에서의 기존 OSAT와 파운드리 간 경쟁이 가열되고 있다. 어떤 식으로 산업이 바뀔 지도 지켜봐야 할 부분이다. 또한 위에서 말한 대로 새로운 장비, 소재, 부품의 개발이 요구되고 있다. 그 과정에서 선진 업체에 비해 뒤져 있는 국내 반도체 장비/소재/부품 업체들의 선전도 기대한다.

반도체 소자가 가야 할 길
- 폰노이만을 넘어 보자

반도체를 단순히 하나의 전자 부품으로만 보기에는 반도체가 현대 사회에서 하고 있는 역할이 매우 크다. 현재 우리 사회가 누리고 있는 빠른 속도의 많은 부분은 반도체를 통해 이루어지고 있다. 신속하고 정확한 일기예보, 실제와 구분이 안될 정도로 실감나는 영화와 게임의 컴퓨터 그래픽, 자율 주행 자동차가 사람을 인식하고 회피하는 것 등 빠른 연산을 요구하는 것들은 그 속도를 많은 부분 반도체 소자의 성능에 의존하고 있다. 인터넷, 스마트폰, AR(Augmented Reality, 증강 현실), VR(Virtual Reality, 가상현실) 등을 포함해서 지난 50년간 우리가 갖게 된 새롭고 신기한 제품들의 90% 이상은 반도체 소자가 빨라졌기 때문에 가능한 것들이었다. 또 메모리의 용량이 커졌기 때문에 가능해졌다.

존 폰노이만이 제안했던 컴퓨터의 기본 구조는 반도체 소자를 하는 사람에게 명확한 목표를 주었다. CPU를 만드는 사람은 제어와 연산을 빠르게 할 수 있는 CPU를 만들면 되었다. 또 메모리를 만드는 사람은 더 많은 정보를 담을 수 있도록 집적도가 높은 메모리 소자를 만들면 되는 것이었다. 다행히 이 빠른 CPU와 집적도 높은 메모리는 모두 소자 미세화라는 방법을 통해 달성이 가능했었다. 그래서 실리콘을 이용한 MOSFET 기술이 나온 이래 반도체 소자의 발전은 대부분 소자 미세화와 고집적화를 통해서 진행되었다.

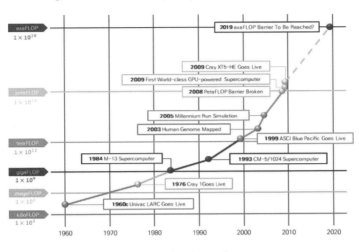

고성능 컴퓨팅 로드맵

앞에서도 이야기했듯이 소자 미세화를 통한 성능 향상은 가까운 미래에 멈출 수밖에 없다. 단위 소자의 크기가 분자의 크기와 점점 가까워지고 있기 때문이다. 실제로 그동안 전 산업의 총합적인 R&D를 위해 만들어져 왔던 ITRS는 2015년을 마지막으로 더 이상 소자 미세화를 위한 로드맵을 만들지 않기로 하였다.

그 이후에는 과연 어떤 식으로 연산의 성능을 향상시킬 수 있을 것인지가 걱정일 수밖에 없다. 날씨를 예보하고 새로운 약품을 만들기 위해 단백질 구조를 시뮬레이션하는 데 쓰이는 슈퍼컴퓨터도 많은 부분은 소자 미세화를 통해 연산 속도의 발전을 이루어왔다. 그렇다면 소자 미세화가 끝나면 이러한 연산 속도의 발전도 끝나는 것인가 하는 의문이 들 수밖에 없다.

지금 우리가 사용하는 컴퓨터는 기술한 바와 같이 폰노이만 아키텍처를 CMOS 기술로 구현한 것이다. 그런데 CMOS 기술을 구성하고 있는 Si MOSFET 소자의 성능 증가가 쉽지 않은 상황에서 앞으로는 어떻게 속도를 빠르게 해야 할까? 이 질문이 현대 산업 사회가 컴퓨터와 반도체 연구를 하는 사람들에게 해결을 원하면서 요청하는 사항이다.

첫 번째로 생각할 수 있는 것은 MOSFET을 만들고 있는 Si 채널을 더 성능이 좋은 물질로 대체하여 트랜지스터를 만드는 것이다. 이와 같은 시도는 과거에서부터 꽤 오랜 기간 연구가 되고 있었다. Si의 전하 이동도는 전자가 $1,500 \text{cm}^2/\text{V} \cdot \text{s}$, 홀은 $500 \text{cm}^2/\text{V} \cdot \text{s}$ 정도가 한계이다. 그러므로 이것보다 더 큰 전하이동도를 갖는 물질을 채널로 사용하여 전류를 더 많이 흐르게 하려는 시도이다.

Ge 채널의 경우 전자의 전하이동도는 $4,000 \text{cm}^2/\text{V} \cdot \text{s}$, 홀은 $2,000 \text{cm}^2/\text{V} \cdot \text{s}$ 정도로 Si 채널에 비해 크다. 특히 홀의 전하이동도가 Si에 비해서 매우 우수하다. 그래서 pMOSFET에 Si 채널을 대신하여 Ge을 사용하려는 연구가 계속되고 있다. 반면 nMOSFET은 전자의 전하이동도가 매우 큰 3-5족 반도체(GaAs, InAs 등)로 대체하려는 시도가 이어져오고 있다. 이 밖에도 전하이동도가 수십만으로 알려진 카본 나노 튜브나 그래핀 등을 Si 대신 채널로 사용하려는 시도도 있다.

그러나 Ge이나 3-5족 반도체와 같은 물질은 MOS를 만들었을 때 유전체 산화막과 반도체가 만나는 면에 전기적 결함이 많이 생기고 품질이 좋지 못하다. 그래서 실제로 MOSFET을 만들었을 때 소자의 성능이 이론으로 예측한 성능에 턱없이 부족하고 심지어 Si보다도 나쁜 경우가 많다. 오랜 기간 사용할 때 필요한 신뢰성도 Si 채널에 비해서 떨어지는 경우가 많아서 실제 반도체 소자에는 사용을 못하고 있다.

또한 카본 나노 튜브와 같은 경우는 집적 소자를 만들기에 치명적인 약점이 존재한다. 카본 나노 튜브를 이용해 만든다면 소자 한 개의 성능은 Si 소자에 비해 좋을 수 있다. 그러나 수백억 개의 소자를 집적하기 위해서는 소자를 내가 원하는 곳에 정확히 만들어야 한다. 카본 나노 튜브는 그렇게 원하는 곳에 소자를 만들기가 쉽지 않다. 반도체 집적 공정 기술에 적합하지 않은 것이다. 이것이 그래핀이 나왔을 때 사람들이 열광을 했던 이유였다. 카본 나노 튜브와는 달리 그래핀은 평면 형태이므로 Si 웨이퍼 위에 옮겨서 사용할 경우 포토 리소그래피 등 현재 우리가 사용하고 있는 반도체 집적 공정 기술을 이용하여 집적회로를 만들 수 있을 것으로 보였기 때문이다.

그러나 추후 연구들을 통해 그래핀을 가지고 현재의 MOSFET 사이즈와 성능 수준의 소자를 만드는 것은 쉽지 않은 것이 알려졌다. 좋은 소자는 단순히 켜졌을 때의 전류가 클 뿐만 아니라 소자가 꺼졌을 때 새어나가는 전류도 매우 작아야 한다. 그러나 에너지 밴드 갭이 없는 그래핀의 특성상 트랜지스터로 제작했을 때 새는 전류를 줄이기 쉽지 않다. 또 트랜지스터에서 채널의 전류를 외부로 나올 수 있게 해주는 배선과의 접촉 저항도 작아야 한다. 그러한 부분에서 그래핀은 기존의 Si 채널과 비교하여 큰 약점을 보인다. 그래서 당분간은 그래핀이 Si을 대체하여 트랜지스터에 쓰일 가능성은 낮아 보인다.

또 다른 컴퓨팅의 속도를 높이는 방법으로 MOSFET이 아닌 다른 형태의 스위치 소자를 만들어 CMOS 기술에 적용하려는 것이다. 전하 캐리어가 barrier를 통과하는 터널링 현상을 이용하도록 만든 tunnel FET이나 Ferroelectric material을 MOS의 산화막 대신 적용한 Negative capacitance FET와 같은 것이다. 이러한 트랜지스터들은 CMOS 기술에 사용할 수 있으면서 MOSFET보다 빠를 것으로 생각되어 연구되는 소자들이다.

그러나 이러한 노력으로 가져올 수 있는 연산 속도 향상은 제한적일 수밖에 없다. 그래서 보다 더 근본적인 변화를 통해 연산 속도의 향상 한계를 극복해보려는 시도도 있다. 현재 우리가

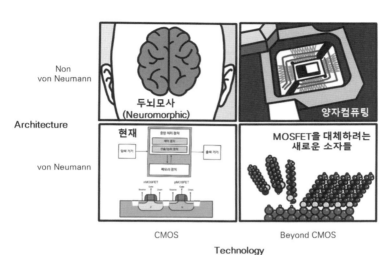

앞으로의 컴퓨팅 발전 연구 방향

사용하고 있는 폰노이만 아키텍처 자체를 바꾼 컴퓨터를 만들어 사용하는 것이다. 보다 빨리 결과를 낼 수 있는 새로운 아키텍처의 컴퓨터를 고안하는 것이다. 최근에 가장 열심히 연구되고 있는 분야는 인간의 뇌 신경망 구조를 흉내낸 두뇌 모사 컴퓨팅(Neuromorphic computing)이다.

인간이 고양이와 개를 구별하는 것은 많은 시간이 걸리지 않는다. 보자마자 알 수 있다. 그러나 컴퓨터가 고양이와 개를 구별하는 것은 폰노이만 아키텍처에서 그렇게 짧은 시간에 가능하지 않다. 이렇게 인간이 빠르게 구별할 수 있는 것은 매우 오랜 기간 학습을 통해서 고양이와 개의 특징을 파악하고 인간의 두뇌 신경망에 기억을 하고 있기 때문이다.

이처럼 학습을 통한 인간의 두뇌 활동을 모사하여 작동하도록 한 것이 인공 지능이다. 인공 지능을 구현하기 위한 심층 신경망(Deep Neural Network)을 구성하고 학습을 시켜서 인식과 판단을 하게 한 것이다. 이 두뇌 모사 컴퓨팅에 사용하기 위해서는 MOSFET, DRAM, 플래시 메모리 등 지금 현재 우리가 사용하고 있는 소자를 이용할 수도 있다.

현재 나오고 있는 인공 지능 칩이라 불리는 것들은 우리가 현재 사용하고 있는 단위 소자들을 통해 만들어지고 있다. 처음에는 기존의 폰노이만 구조를 그대로 이용해서 소프트웨어를 통해 처리는 CPU와 GPU를 이용하는 것이다. 그렇게 학습을 통해 나온 가중치는 기존 메모리에 저장하는 형태로 구현되었다. 지금 컴퓨터에서 사용하고 있는 디지털 방식을 그대로 이용하여 두뇌 모사를 하는 것이다. 그러나 이런 식으로 두뇌를 모사하는 것은 연산 성능과 소비 전력 효율이 좋지 않다는 단점이 있다. 그래서 현재는 인공 지능 연산을 고속화하기 위해 내부 구조를 최적화시킨 전용 칩을 만들어 사용하고 있다. 이 또한 트랜지스터와 같은 기존의 단위 소자들을 이용해서 학습에 전문화시키는 형태이다. 인간의 두뇌는 아날로그의 형태로 작동하는 데 비해 지금 제품화된 인공 지능 칩들은 디지털로 작동되는 소자를 아날로그처럼 모사하여 사용하고 있는 것이다.

그래서 현재 연구의 방향은 인간의 두뇌 신경망의 형태를 그대로 모방하는 쪽으로 향하고 있다. 인간 두뇌 신경의 뉴런과 시냅스의 기능을 그대로 흉내 내는 전자 소자를 만들어서 정말로 두뇌 신경이 움직이듯 만드는 것이다. 그것이 가능하다면 인공 지능 컴퓨팅에 드는 에너지를 인간 두뇌의 에너지 수준으로 낮출 수 있을 것이라는 희망에서 출발했다. 인간의 두뇌는 20와트(watt) 정도의 전력 만을 소모하는 것으로 알려져 있다. 그러면서도 공부를 하고 주변을 살피고 대화를 하는 등 다양한 일을 동시에 할 수 있다.

인간을 이겨서 놀라움을 안겨주었던 바둑 인공 지능인 알파고(AlphaGo)는 현재의 컴퓨터 칩들을 이용해서 인간 두뇌의 활동을 모방한 것이다. CPU 1,202개와 GPU 176개를 사용하여 학습을 해야 했고 그래서 이 칩들이 사용하는 전력은 170,000W에 달했다.(물론 이후에 기술이 발전하며 네 개의 Tensor Processor Unit로도 비슷한 성능 구현이 가능해졌다.) 그러므로 현재의 단위 소자를 이용하여 소프트웨어로 인공 지능을 구현하는 것이 아닌 인공 지능에 맞는 단위 소자를 개발하여 사용하는 것이 필요하다. 심층 신경망은 기본적으로 가중치를 부여하는 시냅스를 통해 학습 능력을 올린다. 그러므로 자극에 따라 가중치를 올리고 내릴 수 있도록 다치(multi value)를 더 잘 활용할 수 있는 소자를 만들어야 한다. 다양한 구조의 전자 소자(ReRAM, PCRAM 등)를 통해 인공 시냅스를 만들기 위해 노력하고 있다.

또 비폰노이만 아키텍처를 이용한 컴퓨팅이면서 아예 0, 1의 디지털 체계를 벗어난 컴퓨팅도 연구가 되고 있다. 원자나 전자처럼 아주 작은 세계에서 일어나는 자연 현상을 설명해 주는 체계인 양자를 이용한 컴퓨팅인 양자 컴퓨팅이 그것이다. 양자는 입자이면서 파동이고, 0이면서 1이고, 뭔가 흐릿하고, '불확정성의 원리'란 것이 지배하는 애매모호한 세상이다. 그러한 양자역학의 현상을 능동적으로 제어하면서 작동시키는 것을 양자 컴퓨팅이라고 한다. 이와 같이 양자 현상을 구현하는 소자를 큐빗(Qubit)이라고 부른다.

이러한 양자 컴퓨터가 제대로 만들어진다면 우리가 양자 세계를 시뮬레이션해야 하는 화학, 물리, 제약, 재료 등의 시뮬레이션 부문에서 폰노이만 아키텍처의 컴퓨터를 월등하게 능가할 것이다. 또한 현재의 암호 체계를 이루고 있는 소수를 찾아내는 것은 양자를 이용한 계산이 월등한 것으로 알려져 있다. 그러므로 이러한 양자 컴퓨팅이 가능하다면 현재의 암호 체계를 쉽게 풀어내 무력화할 것이다.

이처럼 폰노이만 아키텍처를 벗어난 컴퓨팅도 활발히 연구되

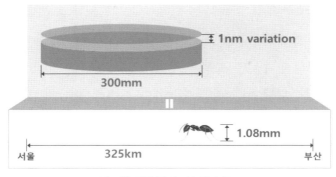

반도체 집적 공정 기술의 수준

고 있다. 그러나 이러한 뉴로모픽이나 양자 컴퓨팅이 완전히 현재의 컴퓨팅을 대체하는 것은 아니다. 논리 연산은 현재의 폰노이만 아키텍처의 컴퓨팅을 당할 수가 없다. 그러므로 다양한 아키텍처가 다양한 연산의 필요에 따라 따로 또는 함께 쓰이는 형태가 될 것이다.

이처럼 미래에는 어떠한 형태의 소자가 필요한지 모른다. 지금까지와 같은 0과 1을 이용한 작동을 하는 바이너리 스위칭 소자뿐 아니라 인공 지능을 구현할 수 있도록 다치(multi value)를 저장하는 소자도 필요할 것이다. 또 양자 현상을 구현하는 큐빗들도 필요할 것이다. 이러한 필요를 만족시키기 위한 소자가 지금까지처럼 반도체 소자가 될지 아니면 다른 종류의 소재를 쓰는 소자가 될지는 알 수 없다.

그러나 확실한 것은 반도체 소자를 제작해왔던 반도체 집적 제조 공정은 계속 쓰일 것이라는 것이다. 왜냐하면 반도체 소자의 발전을 이끌며 이 집적 제조 공정은 놀라울 정도의 슈퍼 파워를 갖게 되었다. 300mm 크기의 웨이퍼에 1nm 정도의 크기를 조절할 수 있게 되었다. 이것을 실생활에 비교하자면 서울에서 부산까지의 직선 도로(325km) 위에 개미 한 마리의 높이(1.08mm)를 조절하는 것과 같다. 서울-부산 사이의 거리에 개미 한 마리가 문제될 수준의 정밀함으로 아주 작은 소자를 엄청난 숫자로 똑같이 만들 수 있는 능력은 어떠한 재료의 소자가 되었건 이것을 집적해서 제조하는 데 꼭 필요할 것으로 보인다.

맺음말

반도체 산업은 전 세계적으로 가장 큰 산업이고 국내에서도 최고의 수출을 자랑하며 국가 경제에 큰 축을 담당하고 있다. 근래에 와서 국내 반도체 소자 기업이 천문학적인 수익을 내면서 직원들에게 아주 많은 인센티브를 주면서 좋은 대우를 해주고 있다. 그러다 보니 많은 대학생이 반도체 소자 기업에 취업하고 싶어한다.

그렇지만 학생들과 대화를 하다 보면 반도체에 대한 이해가 정리되어 있지 않다는 느낌을 받게 된다. 이것은 비단 학생들과의 대화뿐 아니고, 동료 교수나 기자들과 같은 전문 영역의 사람들, 또 반도체 산업에 관심을 갖는 일반인들과의 대화에서도 마찬가지다. 미묘하게 여러 가지가 섞여서 돌아간다는 느낌을 받는다.

그래서 내가 배우고 느낀 반도체에 대해서 다른 사람들과 공유한다면 반도체에 대한 이해가 좀 더 정리되지 않을까 하는 생각이 들었다. 그래서 이 책을 쓰며 시간의 순서에 따라서 반도체 소자가 발전해 온 역사를 쓰고 시스템의 필요를 정리하였다.

앞으로도 반도체는 계속 발전할 것이다. 이러한 발전은 반도체 소자 연구를 통해서 이루어질 것이다. 그러한 연구를 위해서 고려해야 할 사항을 몇 가지 이야기하면 아래와 같다.

첫 번째로 언론이나 일반인들이 이야기하는 반도체는 반도체 소자, 그중에서도 반도체 집적 소자로 만들어진 칩을 말한다. 이 반도체 집적 소자 칩은 시스템의 요구에 의해서 만들어진다. 그러므로 시스템의 요구를 이해하는 것이 가장 중요하다. 20년 전만 해도 컴퓨터가 반도체 집적 소자의 가장 큰 시장으로 컴퓨터를 위한 요구들이 반도체 소자를 발전시켜 왔다. 성능의 향상과 집적도의 향상이면 충분했다.

그러나 스마트폰의 출현으로 반도체 시장의 무게 중심은 모바일 쪽으로 옮겨져 갔다. 그래서 모바일 시스템들을 위한 요구가 많아졌다. 예를 들면 배터리를 써야 하는 모바일의 특성상 빠른 성능보다 저전력에 대한 요구가 커졌다. 또한 제한된 작은 부피 안에 들어가야 하므로 여러 기능의 칩들을 3차원으로 집적하는 것이 요구되었다. 이와 같이 시스템의 변화와 요구를 모르면 반도체가 어떻게 발전되어야 하는지 말하기 어렵다. 최근 들어서는 인공 지능의 급격한 발전으로 인공 지능을 최적으로 구현하기 위한 시스템이 많이 제안되고 있다. 이러한 시스템이 원하는 요구들에 맞는 반도체 소자의 개발이 필요하다.

두 번째로 집적 소자 공정 기술은 계속 사용될 것이다. 수백억 개의 단위 소자를 똑같이 만들어서 원하는 위치에 배치할 수 있는 기술은 반도체 집적 공정 기술 이외에는 생각하기 어렵다. 미래에 필요한 시스템을 위한 소자도 반도체 집적 공정 기술을 이용해서 제조될 가능성이 크다. 그러므로 여기에 적합하지 않은 소자들은 사용되기 쉽지 않다. 예를 들어 넓은 면적의 균일도를 보장할 수 없는 공정이라든지 아니면 단위 소자를 내가 원하는 곳에 위치시킬 수 없는 소자들은 대안이 될 수 없다.

과거에 카본 나노 튜브나 2차원 물질을 이용한 소자들은 소자 하나하나의 성능은 지금 사용하고 있는 반도체 소자와 비교하여 우수할 수 있으나 수백억 개의 단위 소자를 만들어 집적하기에는 문제가 있었다. 또 이 반도체 집적 소자 칩은 다양한 구성으로 되어있다. 반도체 위에 만들어진 단위 소자가 있고 그 단위 소자를 연결하기 위한 다층의 배선이 있다. 배선과 반도체는 컨택을 형성하고 있다. 이러한 복잡한 구조에서 반도체 물질의 역할은 생각보다 크지 않다. 물론 현재까지는 총 저항에서 비중이 커서 성능에 매우 중요한 역할을 하고 있다. 그러나 자동차의 타이어를 바꾸듯 반도체 물질만을 다른 것으로 바꿔서 성능을 올리는 것은 불가능하다. 반도체와 배선 사이의 컨택의 저항도 달라지고 기생 정전 용량도 달라져서 성능에 영향을 줄 수밖에 없다. 이러한 점이 모두 고려되어야 한다.

현재의 반도체는 매우 크고 다양한 기업군을 가진 거대 산업에서 만들어진다. 그러므로 그 반도체 산업이 겪고 있는 기술적인 어려움에 대해서 최대한 알고 있어야 한다. 그것을 풀어가는 것이 내가 하고 있는 엔지니어링의 연구이다. 공대 1학년 들어오는 학생들에게 항상 물어보는 이야기가 있다.

"엔지니어링(Engineering)과 사이언스(Science)는 어떻게 다르지?"

명쾌한 답을 하는 친구를 아직 만나지 못했다. 3, 4학년 수업에서도 비슷한 질문을 던지지만 자신의 주관을 갖고 답을 하는 친구들을 만나기는 매우 어렵다.

우리나라에서는 이공계라고 한 묶음으로 이야기하지만 단어가 별도로 존재하듯이 하는 일도 다를 것이다. 대학에서도 공과대학(School of engineering)과 자연과학대학(School of natural science)이 별개로 존재한다.

구글에서 찾아보면 과학은 "물리적인 자연적인 세계를 탐구하는 보편적인 진리나 법칙의 발견을 목적으로 한 체계적인 지식"이라고 정의가 되어 있고 엔지니어링은 "문제를 풀거나 필요를 충족시키는 물건이나 공정을 설계, 제조, 유지하기 위해 이러한 과학 지식을 응용하는 것"이라고 정의되어 있다. 개인적으로 생각하는 차이점은, 사이언스와 엔지니어링은 바로 그 문제와 필요에서 출발한다는 것이다. 문제라는 것은 문제로 느끼고 있는 대상이 존재한다는 의미이다. 이 대상이 엔지니어링의 고객이다.

그러므로 엔지니어링과 사이언스는 출발점이 다르다. 사이언스는 인간의 호기심에서 출발을 해서 그것을 만족시키기 위한 것이고 엔지니어링은 문제의 해결을 기다리는 고객으로부터 출발을 한다. 엔지니어링에는 고객이 있고 그 고객은(본인들이 인식하든, 인식하지 못하든) 풀어야 할 문제를 갖고 있다. 엔지니어링은 그 문제를 해결하기 위해서 노력을 하는 것이다. 그러므로 우리는 특정된 고객을 갖고 있는 학문이라는 것을 항상 학생들에게 강조한다. 마지막으로 강조하는 것은 고객의 문제를 해결해주고 그 대가로 돈을 받는다는 것이다. 물론 그 돈이 내 주머니에 들어갈지 아니면 내가 속한 회사에 들어가게 될지는 별개의 문제지만.

어쨌든 우리는 고객이 누구인지 정확히 알아야 한다. 그리고 그들이 어떤 문제를 갖고 있는지를 먼저 파악하고 그것을 어떻게 해결할지를 고민해야 한다. 요즘은 공과대학에서 배우는 엔지니어링의 고객이 거대 산업일 경우가 많다. 기계공학과는 자동차 산업, 각종 기계 공업, 화학공학과는 정유 산업, 섬유 산업, 의약 산업 등등과 같이 고객인 산업군이 필요로 하는 것을 배우고 고객이 현재 당면하고 있는 제품이나 공정상 문제점을 해결하기 위한 연구를 한다. 반도체도 반도체 소자 업체, 반도체 소재, 부품, 장비 업체 등이 고객이다. 그래서 그들이 현재 어떤 문제점을 갖고 있는지 파악하고 해결하기 위한 연구들을 한다. 그러므로 항상 반도체 산업이 갖고 있는 기술적 문제점을 파악하기 위해 노력을 하는 것이 반도체 연구의 시작이라는 마음가짐이 가장 중요하다.

이 책은 반도체를 공부하기 위한 입문서이다. 앞으로 반도체에 대해서 깊게 공부하기 위해서는 각종 반도체 소자가 어떻게 작동하는지의 물리도 배워야 하고 반도체 소자를 어떻게 만드는지의 반도체 집적 공정도 자세히 배워야 한다. 또 소자가 작동하는 것을 측정하는 것도 배워야 하고 잘못 동작했을 때는 분석하는 방법도 배워야 한다. 소자를 이용하여 회로를 만드는 설계도 배워야 한다. 그러나 가장 중요한 것은 다양한 과목을 배우면서 '왜' 이러한 것들이 필요한지를 아는 것이다. 이 책이 연결 고리를 만들어서 '왜'라는 질문의 대답을 찾는 밑그림이 되기를 바란다.